天天都可以吃的
無糖
甜點

吃不胖、消水腫、穩定血糖，
好做又好吃的點心

友田和子◎著

水野雅登、原小枝◎監修

徐曉珮◎翻譯

會胖⋯⋯

會蛀牙⋯⋯

所以要放棄最喜歡的甜食嗎？

　　以前的我一邊在意著體型與體力，一邊過著以糖類為中心的飲食生活。自從開始無糖飲食後，不但每天都吃得很飽，臃腫的身材居然逐漸變瘦，肌膚也變得有光澤！不過還是好想吃美味的甜點，所以才嘗試自己製作無糖甜點。

　　一開始只是為了自己與家人，希望小孩子能說很好吃，也希望盡可能降低糖的含量，於是用心鑽研了各式各樣的食譜。慢慢地，我的甜點受到以飲食控制血糖的朋友支持，也在醫療相關人士之間造成話題。

　　我希望藉由這些特別的甜點，能讓更多人願意自己動手做來享用，並且重新檢視「飲食」這件事，讓吃甜點對身體更無負擔，因此才有本書的誕生。「開心持續無糖生活」是我的信念，但願能夠分享給大家。大家一起來試試看吧！

無糖甜點、家庭料理研究家

友田和子

whisk.

目 錄
Contents

Cake pan.

Part 1　絕不失敗的烘焙點心

Part **2**　不用烤箱的冰涼甜點

Part 3　百吃不膩的美味甜點

Spoon.

Part 4 　簡單易做的飲品果凍

Cup.

Special

為什麼書中的甜點
好做、美味、不會胖？

無糖甜點 的做法為什麼這麼簡單？

　　我的食譜，是希望忙碌或是第一次製作甜點的人，也能在短時間內上手，因此大多符合以下 3 個原則：

❶ 材料盡可能簡單
材料盡可能統一，減少使用的種類。

❷「步驟輕省，簡單易懂」
第一次做甜點的人也可以輕鬆上手，步驟簡單容易。

❸「只要會一道食譜，就能做出豐富變化」
本書的食譜提供了許多不同口味的變化，可以多方嘗試。

明明是無糖甜點，為什麼會這麼好吃？

　　一般甜點會使用大量砂糖和麵粉，含糖量很高。本書的食譜完全不使用傳統甜點材料，但卻能讓大人小孩都感到美味與滿足。

　　為了保有點心的甜味，本書食譜使用「羅漢果代糖（顆粒、糖漿）」來代替砂糖。羅漢果代糖是將葫蘆科植物羅漢果的果實的萃取物，和赤藻糖醇這種甜味成分混合製成，是一種天然的甜味劑。赤藻糖醇在高血糖的血液中，九成不需代謝便可以直接排出體外，對於血糖值影響非常低。

　　此外，烘焙甜點與蛋糕則是使用杏仁粉代替麵粉。除了大幅降低糖分，也增加了濃郁的堅果香氣，口感相當好。

羅漢果代糖和濃縮糖漿

無糖甜點 為什麼不會胖？

攝取糖分後，在體內會轉換成葡萄糖，進入血液循環。血液中葡萄糖的量增加，血糖也就因此上升。接著，胰臟便會分泌胰島素這種荷爾蒙，讓血糖下降，而肝臟與肌肉則將葡萄糖轉換成能量。但是，如果血液中的葡萄糖過高，胰島素無法處理完全的糖分，則會轉換成中性脂肪。如果飲食不正常、糖分攝取過多，一直持續這樣的生活，便會讓中性脂肪慢慢累積。這就是肥胖的原因。

本書收錄的食譜盡可能減少糖分用量，讓血糖值不易上升。也因此胰島素不須分泌太多，多餘的糖分也不會因此變成中性脂肪累積，那麼「不會發胖的甜點！」就有可能實現。

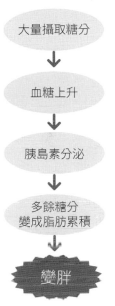

糖分是
「肥胖」的原因

大量攝取糖分
↓
血糖上升
↓
胰島素分泌
↓
多餘糖分
變成脂肪累積
↓
變胖

本書所有食譜均標示 生酮比

無糖飲食還有另一項讓人高興的作用。平常我們是以糖分做為身體活動能量的來源，如果飲食中攝取的糖分不足，肝臟就會分解中性脂肪，轉換成能量來使用。這就是所謂的「生酮體」。如果以生酮體做為主要能量來源，便會有越來越多的脂肪被分解（代謝），讓我們變成更容易瘦下來的體質。

吃下某種食物，能夠更有效率地在體內產生生酮體的指標之一，就是生酮比。生酮比高的食物會讓體內較容易產生生酮體，也就讓脂肪更容易燃燒。本書的生酮比可參照下方計算：

$$\frac{脂質 \times 0.9 + 蛋白質 \times 0.46}{糖分 * + 脂質 \times 0.1 + 蛋白質 \times 0.58}$$

＊ 英文沒有糖分這個詞彙，所以生酮比的計算是使用碳水化合物含量。但是生酮體影響的，其實是碳水化合物除去食物纖維的「糖分」，所以本書是使用含糖量來計算。

無糖飲食的優點和飲食法、生酮體，可參照 p.119 ～ 129 詳細說明。

基本材料

以下介紹無糖甜點製作時會用到的基本材料,照片是作者推薦的商品範例,讀者可依自己的口味與購買習慣選擇。

羅漢果代糖

如同本書 p.8 所介紹,「羅漢果代糖」是一種能夠產生甜味、不添加色素的天然甜味劑。在高血糖的血液中,九成不需代謝便可以直接排出體外,對於血糖值影響非常低。

羅漢果濃縮糖漿

羅漢果代糖的液體版。因為是液狀,可以使用於冷食,不用擔心溶解不全。不會再度結晶,所以可以在製作冰涼甜點時使用。

椰子粉

椰子果肉製成的乾燥粉末。加在烘焙點心中能夠產生獨特的口感與香氣。

杏仁奶

含有豐富的維生素 E,但是含糖量約為牛乳的 1/10,屬於低糖材料。購買時要挑選不含砂糖的品牌。

椰奶

椰子果肉榨出的乳狀汁液。購買時挑選不含漂白劑、乳化劑、抗氧化劑等添加物的品牌。

椰子油

雖然是油脂,不過具有不易氧化的特質。能夠抗氧化並提升免疫力的月桂酸、容易轉換成能量燃燒的中鏈脂肪酸,含量都極為豐富。

杏仁粉

將杏仁磨製成粉狀,已經去皮所以非常滑順,容易使用。小包裝的杏仁粉,可以在像是超市的烘焙產品架上找到。

抹茶粉

購買時挑選不含砂糖與奶粉的抹茶粉。「抹茶歐蕾」等混合沖泡飲品，含糖量相當高。

可可粉

購買時挑選「純可可粉」或「原味可可粉」等，不含砂糖或奶粉的可可粉來使用。

吉利丁

粉狀使用較方便。含有豐富的膠原蛋白。

洋車前子

洋車前子是傳統中藥也會使用的多年草本植物之一。照片上的「洋車前子飲食」是連皮帶籽磨碎的產品。含糖量為 0 克，但是具有加水後就會膨脹數十倍的植物性食物纖維，所以很有飽足感。

鮮奶油

購買時不要挑選植物性脂肪，而是要挑選100%動物性脂肪的鮮奶油。乳脂肪含量高比較容易打發，味道也更濃郁。最理想的比例是乳脂肪約 40%。不同的產品口味會有些微差異，可以增減甜味劑的量來調整。

無鹽奶油

購買時挑選生乳 100%的無鹽產品。

奶油起司

在乳製品中，起司是含糖量較低的食材。不管是製作冰涼或烘焙的甜點，奶油起司使用上都很方便。

優格

購買時，挑選不含砂糖或水果的原味優格。

基本用具

以下介紹本書使用的烘焙用具，都是很常見的喔！

6 連馬芬烤模（9 號杯）

建議使用矽膠樹脂加工或鐵氟龍的製品。
如果沒有馬芬烤模，也可以用厚的馬芬紙
杯代替。

■ 9 號杯（270×180×33mm）／貝印

紙杯（烘焙耐熱紙杯）

馬芬等杯子蛋糕使用的烘焙耐熱紙杯。可以
放進馬芬烤模裡。印有各種顏色與圖案，購
買時可以挑選適合或自己喜歡的產品。

■ 耐熱微波紙杯 9 號／HIROKA 產業

磅蛋糕烤模

磅蛋糕等使用的烤模，本書中用來製作巧
克力蛋糕與古早味蛋糕。選擇配合用途的
尺寸即可。

■ 瘦長型磅蛋糕烤模 · 中
（215×87×60mm）／貝印

圓形蛋糕烤模

海綿蛋糕等使用的烤模。本書中用來製作杏
仁脆片塔與烤起司蛋糕。活動底烤模比較容
易完整脫模，但若用在隔水蒸烤會比較不方
便。

■ 圓形蛋糕烤模（18cm）／貝印

壓模

一般是用在壓出餅乾或司康麵團的形狀，本書是用於壓出塔皮麵團的形狀，使用菊花或圓形的皆可。購買時，挑選適合 9 號馬芬烤模尺寸的壓模搭配使用。

■ 菊花壓模＃ 9（76×45mm）／合資會社馬嶋屋菓子道具店

圈模

如果沒有壓模，用塔模代替也可以。可以放在烤盤上，麵團直接在裡面鋪平，送入烤箱烘烤。又稱為蛋糕環，有各種大小與深度，用於製作蛋糕、英式馬芬、派或塔、鹹可麗餅等。

■ 塔模（9cm）／貝印

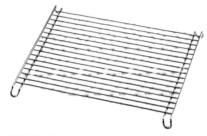

蛋糕散熱架

剛出爐的蛋糕或餅乾可以在上面放涼，或是當作裝飾甜點時的檯子。

■ 蛋糕散熱架（方形）／ TIGER CROWN

橡皮刮刀

可以用在簡單的攪拌混合，或是舀起材料。購買時選擇耐熱材質的產品為佳。

■ 矽膠款橡皮刮刀／ TIGER CROWN

打蛋器

打發或混合材料時使用。購買時，建議選擇堅固耐用的產品。

■ EE 甜點用不鏽鋼製打蛋器（30cm）／ PEARL 金屬

手持電動攪拌器

打發材料時使用。要在短時間內將鮮奶油或蛋白打至全發，就需要這項工具。可以切換速度的攪拌器比較方便操作。

■ 手持電動攪拌器（附渦輪模式）／貝印

製作無糖甜點的 6 大重點

　　本書食譜的設計，是想讓甜點初學者也可以輕鬆上手，不過還是會有一些需要注意的小技巧。另外，也介紹了無糖甜點的製作訣竅，建議讀者操作前，先仔細閱讀。

● 材料表標示的 1 大匙是 15 毫升，1 小匙是 5 毫升。
● 雞蛋尺寸則是使用大顆的蛋（1 顆可食用的部分約 60 克）。

1. 用烤箱烘烤時

Oven.

　　烤箱會在做法中以 標示預熱溫度。食譜中如果烤箱會使用到兩次，也會記載第二次需要的溫度。第一次烘烤結束之後，調整到第二次的溫度再準備預熱。

2. 使用奶油起司 或奶油時

Whisk.

> **Point** 奶油要打成黏稠柔軟的狀態。

　　會使用到奶油起司或奶油的食譜，大多都會有「置於室溫軟化」的事前準備步驟。夏天大概放置 30 分鐘，冬天則依據室溫，有時會花到 3 ～ 4 小時。事先從冰箱拿出所需用量，放在另外的容器（例如攪拌盆）內軟化。

　　此外，攪拌奶油起司或奶油時，如果把空氣一起攪拌進去，就可以打成蓬鬆柔軟的鬆發狀態。

> **Point** 奶油起司如果太硬，可以用保鮮膜覆蓋表面，以手掌的溫度按壓揉捏軟化。

3. 了解羅漢果代糖、羅漢果濃縮糖漿 使用上的差別

羅漢果代糖（顆粒）比砂糖難溶解，受到各種變因，像是水分、油分、溫度變化等影響，很容易再度結晶。用手持電動攪拌器混合時，一開始先用低速，然後再轉高速，避免糖粒飛濺出來。還有，打蛋器攪拌時，要接觸到攪拌盆的底部（擦底攪拌），才能徹底混合，顆粒也比較容易溶解。

至於液狀的羅漢果濃縮糖漿，則具有易溶且不太會再度結晶的特色。羅漢果代糖與羅漢果濃縮糖漿在風味上也不太一樣，本書會依照食譜需要分開使用，當然也會有一道食譜中兩種都使用的狀況。

4. 正確溶解吉利丁

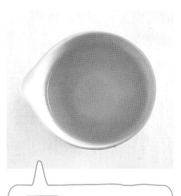

本書使用的是不需事先泡水膨脹的粉狀吉利丁。如果要加入冰涼的材料中，可以用 80°C 以上的熱水完全溶解之後，和其他材料混合均勻即可。熱的材料則可以直接倒入，再攪拌均勻溶化。

不過，依廠牌不同用法可能有些許差異，建議使用前先仔細閱讀外包裝上的說明。

此外，吉利丁溶液如果煮沸的話，會變得很難凝固，所以不建議使用微波爐加熱。

Point 如果只想少量溶解，或是在室內溫度較低的狀況下，吉利丁不易溶解。為了避免失敗，可以將溶解時要使用的耐熱容器，事先隔水加熱備用。

5. 這樣打發鮮奶油或蛋白最棒

想將鮮奶油或蛋白徹底打發，必須準備一個較大的攪拌盆，裝入冰水，再把裝有材料的攪拌盆放進去，隔冰水冰鎮打發。

● 打發鮮奶油的方法

鮮奶油如果溫度上升，泡沫會變粗、不平滑，且整個塌陷。所以要確實保持低溫，在隔冰水冰鎮的狀態下，用手持電動攪拌器打發。重點是動作要快，從頭到尾都要使用高速攪拌。

本書沒有特別說明的話，打到稍微有尖鉤狀的狀態（提起攪拌器時，鮮奶油霜尖端稍微有尖鉤狀）即可。打發時要隨時確認鮮奶油的狀態。

Point 打發時，手持電動攪拌器的攪拌頭要確實移動到材料的每個部份。如果打過頭，會造成油水分離的現象，需多加留意。

● 打發蛋白的方法

打發蛋白時，要使用低溫冷藏的新鮮雞蛋。雖然要花上一點時間才能打發，但可以得到細緻安定的蛋白霜。先稍微攪拌一下蛋白，然後隔冰水冰鎮一口氣打至發泡。

攪打至提起手持電動攪拌器時，蛋白霜尖端呈尖鉤狀（完全挺起）。

如果看起來沒有光澤而且出水，就是打發失敗。雖然很可惜，不過還是得重來。

Point 在分開蛋黃與蛋白時要小心，不要讓蛋黃混入蛋白裡，以免打發失敗。

6. 隔水加熱打發雞蛋時

「隔水加熱」，是取一個較大的攪拌盆裝入比人類體溫稍高的溫水（約 50 ～ 60° C），然後把裝有材料的攪拌盆放進去，用間接的方式提升溫度。

p.45、p.47、p.77、p.83 的食譜，都是透過隔水加熱的方式，將雞蛋打發至泛白。想要不加入小蘇打粉而做出蓬鬆的口感，就要用手持電動攪拌器一口氣打發。記得要不時讓手持電動攪拌器的攪拌頭接觸到攪拌盆的底部，將整個材料都打發。

還有，如果要混合別的材料，記得動作要輕柔，不然會破壞發泡狀態（消泡）。

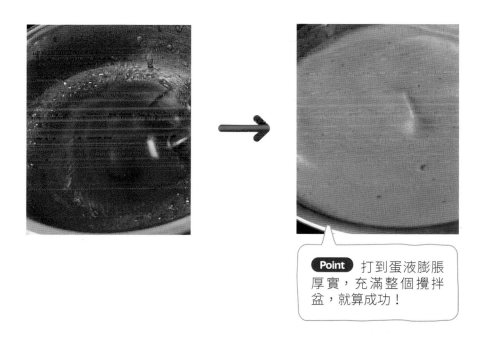

Point 打到蛋液膨脹厚實，充滿整個攪拌盆，就算成功！

| Tips |

調理器具（攪拌盆、打蛋器、手持電動攪拌器等）如果殘留水或油，可能導致打發失敗！調理器具要清洗乾淨，並且確實擦乾水分。這是製作甜點的鐵則！

Cake pan.

Part 1
絕不失敗的烘焙點心

剛出爐的點心香味讓人垂涎三尺。
馬芬、磅蛋糕、小餅乾……
加入低糖的水果或堅果，
口味多端、變化自如。

生酮比	含糖量
2.5	2.3克 （1個）

濃厚的奶油香氣讓人口水直流，
永遠吃不膩的最棒馬芬

原味馬芬

材　料　6 連馬芬烤模（9 號）／ 6 個

奶油起司（Cream Cheese）········· 80 克
無鹽奶油 ······························· 30 克
羅漢果代糖 ··························· 35 克
雞蛋 ··································· 2 顆
杏仁粉 ······························· 100 克
泡打粉 ································ 3 克

事前準備

■ 奶油起司與奶油分別置於室溫軟化。
■ 雞蛋打散成蛋液。
■ 杏仁粉過篩。

做　法　　　預熱至 180°C

1. 奶油起司放入攪拌盆內，用打蛋器攪拌至滑順。

2. 加入奶油，充分攪拌均勻。

3. 加入羅漢果代糖，充分攪拌至顆粒溶解。

4. 拌至柔滑乳霜後，分 3～4 次加入蛋液，每次加入蛋液，都要用打蛋器攪拌混合均勻。

5. 分 2～3 次加入杏仁粉，每次加入杏仁粉，都要攪拌混合均勻。

6. 加入泡打粉，全部攪拌均勻成麵糊。

7. 烤模中放入烘焙紙杯，麵糊均分倒入，放入烤箱中烘烤 21～23 分鐘，至麵糊膨脹，並且上色即成。

可可的香氣在口中擴散……

可可馬芬

材　料　6連馬芬烤模（9號）／6個

奶油起司…………………………… 70 克
無鹽奶油 …………………………… 40 克
羅漢果代糖 ………………………… 40 克
雞蛋 ………………………………… 2 顆
杏仁粉 ……………………………… 70 克
可可粉 ……………………………… 25 克
泡打粉 ……………………………… 3 克

事前準備

■ 奶油起司與奶油分別置於室溫軟化。
■ 雞蛋打散成蛋液。
■ 杏仁粉過篩。

生酮比	含糖量
2.4	2.5 克 （1個）

做　法 　預熱至 180°C

1. 奶油起司放入攪拌盆內，用打蛋器攪拌至滑順。

2. 加入奶油，充分攪拌均勻。

3. 加入羅漢果代糖，充分攪拌至顆粒溶解。

4. 拌至柔滑乳霜後，分 3 ～ 4 次加入蛋液，每次加入蛋液，都要用打蛋器攪拌混合均勻。

5. 分 2 ～ 3 次加入杏仁粉，每次加入杏仁粉，都要攪拌混合均勻。

6. 加入可可粉稍微攪拌，再加入泡打粉，全部攪拌均勻成麵糊。

7. 烤模中放入烘焙紙杯，麵糊均分倒入。放入烤箱中烘烤 21 ～ 23 分鐘，至麵糊膨脹，並且上色即成。

23

抹茶的深度讓人回味無窮，
成人也會感到滿足的甜點

抹茶馬芬

生酮比	含糖量
2.5	2.1克 （1個）

材料 6連馬芬烤模（9號）／6個

奶油起司	70 克
無鹽奶油	30 克
羅漢果代糖	35 克
雞蛋	2 顆
杏仁粉	90 克
抹茶粉	7 克
泡打粉	3 克

事前準備

■ 奶油起司與奶油分別置於室溫軟化。
■ 雞蛋打散成蛋液。
■ 杏仁粉過篩。

做法 預熱至 180℃

1. 奶油起司放入攪拌盆內，用打蛋器攪拌至滑順。

2. 加入奶油，充分攪拌均勻。

3. 加入羅漢果代糖，充分攪拌至顆粒溶解。

4. 拌至柔滑乳霜後，然後分 3～4 次加入蛋液，每次加入蛋液，都要用打蛋器攪拌混合均勻。

5. 分 2～3 次加入杏仁粉，每次加入杏仁粉，都要攪拌混合均勻。

6. 加入抹茶粉攪拌，再加入泡打粉，全部攪拌均勻成麵糊

7. 烤模中放入烘焙紙杯，麵糊均分倒入。放入烤箱中烘烤 21～23 分鐘，至麵糊膨脹，並且上色即成。

多汁的覆盆子果肉，讓人笑逐顏開

覆盆子馬芬

生酮比	含糖量
2.5	2.6克 （1個）

材　料　6 連馬芬烤模（9 號）／ 6 個

奶油起司 ……………………………… 70 克
無鹽奶油 ……………………………… 40 克
羅漢果代糖 …………………………… 35 克
雞蛋 …………………………………… 2 顆
杏仁粉 ………………………………… 90 克
泡打粉 ………………………………… 3 克
覆盆子（新鮮或冷凍均可）……… 50 克

事前準備

■ 奶油起司與奶油分別置於室溫軟化。
■ 雞蛋打散成蛋液。
■ 杏仁粉過篩。
■ 每個覆盆子切成 1/4 ～ 1/2 大小。

做　法　　預熱至 180℃

1. 奶油起司放入攪拌盆內，用打蛋器攪拌至滑順。

2. 加入奶油，充分攪拌均勻。

3. 加入羅漢果代糖，充分攪拌至顆粒溶解。

4. 拌至柔滑乳霜後，分 3 ～ 4 次加入蛋液，每次加入蛋液，都要用打蛋器攪拌混合均勻。

5. 分 2 ～ 3 次加入杏仁粉，每次加入杏仁粉，都要攪拌混合均勻。

6. 加入泡打粉，全部攪拌均勻成麵糊。

7. 將一半量的覆盆子倒入麵糊中，用橡皮刮刀輕柔攪拌均勻。

8. 烤模中放入烘焙紙杯，麵糊均分倒入，將剩下的覆盆子均分置於麵糊上。放入烤箱中烘烤 21 ～ 23 分鐘，至麵糊膨脹，並且上色即成。

健康食材

覆盆子

　覆盆子含糖量不高，每 100 克僅含約 5.6 克的糖，是很適用於無糖甜點的水果。覆盆子果汁對於喉嚨痛或咳嗽有舒緩效果，獨特的香味來自於覆盆子生酮體，脂肪燃燒效果是辣椒中辣椒素的 3 倍。

　此外，覆盆子食物纖維含量高，具有抑制血糖上升的作用。維生素 E 與花青素（一種多酚）相當豐富，具有抗氧化作用，對於肌膚美容與癌症預防有所助益。

生酮比	含糖量
2.4	2.8克 （1個）

杏仁的酥脆搭配馬芬的濕潤，
兩種不同的口感產生絕妙風味

杏仁可可馬芬

材　料 6連馬芬烤模（9號）／6個

奶油起司 …………………	70 克
無鹽奶油 …………………	30 克
羅漢果代糖 ………………	40 克
雞蛋 ………………………	2 顆
鮮奶油 ……………………	30 克
杏仁粉 ……………………	70 克
可可粉 ……………………	25 克
泡打粉 ……………………	3 克
杏仁片（參照下方步驟烘烤）……	8 克

事前準備

■ 奶油起司與奶油分別置於室溫軟化。
■ 雞蛋打散成蛋液。
■ 杏仁粉過篩。

Tips

杏仁片也可使用烘烤過的杏仁碎代替。

做　法 預熱至 180°C

1. 奶油起司放入攪拌盆內，用打蛋器攪拌至滑順。

2. 加入奶油，充分攪拌均勻。

3. 加入羅漢果代糖，充分攪拌至顆粒溶解。

4. 拌至柔滑乳霜後，分 3 ～ 4 次加入蛋液，每次加入蛋液，都要用打蛋器攪拌混合均勻。

5. 加入鮮奶油混合均勻。

6. 分 2 ～ 3 次加入杏仁粉，每次加入杏仁粉，都要攪拌混合均勻。

7. 加入可可粉稍微攪拌，再加入泡打粉，全部攪拌均勻成麵糊。

8. 烤模中放入烘焙紙杯，麵糊均分倒入，將杏仁片均分置於麵糊上。放入烤箱中烘烤 21 ～ 23 分鐘，至麵糊膨脹，並且上色即成。

｜操作小訣竅｜

用烤箱烘烤堅果

❶ 烤箱預熱至 160°C。

❷ 烤盤鋪上烘焙紙，平均撒上適量堅果，用烤箱將堅果烘烤至右方照片中的上色程度。

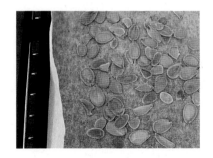

＊本書使用的新鮮堅果類，像是杏仁片、杏仁碎、核桃，烘焙時間約 6 ～ 8 分鐘。

＊核桃因為很難用目測判斷上色，含油量高，容易烤焦，操作時要多加注意。

＊商品包裝上若標示「無調味、僅烘烤」或「已烘烤」的堅果製品，就不需要再烘烤。

生酮比	含糖量
2.6	2.3克 （1個）

椰子與抹茶的新鮮組合，口感意外搭配！

抹茶椰子馬芬

材　料　6 連馬芬烤模（9 號）／6 個

奶油起司 ·················	70 克
無鹽奶油 ·················	30 克
羅漢果代糖 ···············	35 克
雞蛋 ·····················	2 顆
鮮奶油 ···················	30 克
杏仁粉 ···················	80 克
抹茶粉 ···················	6 克
泡打粉 ···················	3 克
椰子粉 ···················	10 克
椰子粉（配料用）·········	3 克

事前準備

■ 奶油起司與奶油分別置於室溫軟化。
■ 雞蛋打散成蛋液。
■ 杏仁粉過篩。

做　法　　預熱至 180°C

1. 奶油起司放入攪拌盆內，用打蛋器攪拌至滑順。

2. 加入奶油，充分攪拌均勻。

3. 加入羅漢果代糖，充分攪拌至顆粒溶解。

4. 拌至柔滑乳霜後，分 3～4 次加入蛋液，每次加入蛋液，都要用打蛋器攪拌混合均勻。

5. 加入鮮奶油混合均勻。

6. 分 2～3 次加入杏仁粉，每次加入杏仁粉，都要攪拌混合均勻。

7. 加入抹茶粉稍微攪拌，再加入泡打粉、椰子粉，全部攪拌均勻成麵糊。

8. 烤模中放入烘焙紙杯，麵糊均分倒入，將椰子粉（配料用）均分撒在麵糊上。放入烤箱中烘烤 21～23 分鐘，至麵糊膨脹，並且上色即成。

Tips

椰子粉也可用切丁的加工起司代替，做成「抹茶起司馬芬」也很好吃。

濃郁的焦糖、酥脆的口感
感覺不出是無糖甜點的正統杏仁脆片點心

佛羅倫丁杏仁餅

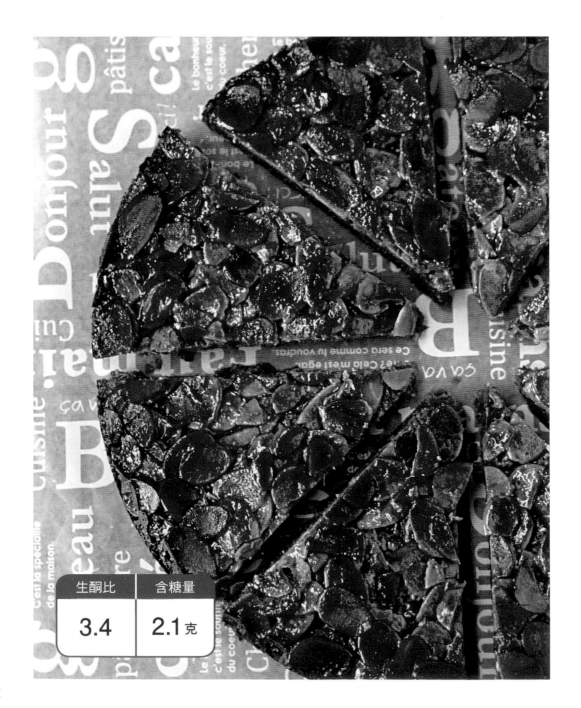

生酮比	含糖量
3.4	2.1克

材　料　直徑 18 公分圓形烤模／1 個

‧餅乾底

無鹽奶油 …………………………… 40 克
羅漢果代糖 ………………………… 25 克
蛋黃 ………………………………… 1 顆
A ┌ 核桃（參照 p.29 烘烤）……… 40 克
　└ 杏仁粉 ………………………… 80 克

‧內餡

無鹽奶油 …………………………… 60 克
B ┌ 羅漢果代糖 …………………… 15 克
　└ 羅漢果濃縮糖漿 …………… 10 克
鮮奶油 ……………………………… 40 克
杏仁片（參照 p.29 烘烤）………… 50 克

事前準備

■ 奶油置於室溫軟化。
■ 核桃裝入夾鏈袋，用擀麵棍磨成碎粉。
■ 杏仁粉過篩。
■ 烤模鋪上烘焙紙。

做　法　🔲 預熱至 180℃→ 180℃

1. **製作餅乾底：** 奶油放入攪拌盆內，用打蛋器攪拌至滑順，加入羅漢果代糖。

2. 攪拌均勻後，加入蛋黃混合，再加入 **A**，用橡皮刮刀以直線切拌入，拌合。

3. 拌至沒有結塊後倒入烤模。用湯匙將表面鋪平壓緊，再用叉子叉出氣孔。

4. 放入烤箱中烘烤 18 ～ 20 分鐘至上色。從烤箱取出，連烤模一起在蛋糕散熱架上放涼。

5. **製作內餡：** 奶油放入鍋中，開稍弱的中火，等奶油融化後加入 **B**，以橡皮刮刀攪拌混合。

6. 煮沸後，加入鮮奶油，一邊攪拌一邊繼續加熱。

7. 煮至濃稠後加入杏仁片，熄火，攪拌均勻成內餡。

8. 將內餡倒入做法 **4.** 的餅乾底上，放入烤箱中烘烤 12 ～ 15 分鐘至完全上色。

9. 從烤箱取出，連烤模一起置於蛋糕散熱架上，等完全放涼後脫模即可。

生酮比	含糖量
2.3	1.6克 （1個）

蛋糕加入營養豐富的酪梨，非常適合當成早餐！

酪梨磅蛋糕

材料 22×9 公分的磅蛋糕烤模／1 條

奶油起司	…………………………… 50 克
羅漢果代糖	………………………… 55 克
雞蛋	…………………………… 2 顆

A ┌ 杏仁粉 ……………………… 100 克
　└ 泡打粉 ………………………… 4 克

B ┌ 酪梨 ……… 1 顆（果肉約 120 克）
　└ 檸檬汁 ………………………… 1 大匙

事前準備

■ 奶油起司置於室溫軟化。
■ 雞蛋打散成蛋液。
■ 杏仁粉過篩。
■ B 的酪梨去皮去核，果肉切丁後淋上檸檬汁
　（可參照下方健康食材介紹）。
■ 烤模鋪上烘焙紙。

做法 預熱至 170°C

1. 奶油起司放入攪拌盆內，用打蛋器攪拌至滑順。

2. 拌至柔滑乳霜後，加入羅漢果代糖混合均勻。

3. 一邊少量加入蛋液一邊攪拌，再加入 A 充分拌至蓬鬆狀態。

4. 加入 B，用橡皮刮刀小心攪拌均勻，不要壓碎酪梨丁，完成麵糊。

5. 麵糊倒入烤模，輕輕敲扣桌面，敲出麵糊間的空氣。放入烤箱中烘烤 35 ～ 40 分鐘至上色即可。

健康食材

酪梨

　酪梨含糖量極低，每 100 克約只含糖 0.9 克，食物纖維及油脂含量在水果中排行數一數二。具有豐富的維生素 E，促進血液循環與抗氧化作用很強，豐富的礦物質對於高血壓、腦梗塞與心肌梗塞也有預防效果。

　蒂頭與果皮沒有什麼空隙的酪梨，油脂含量較高，可以在挑選時用以判斷。處理的方法，是用刀縱切外皮一圈，然後兩手以反方向扭轉分開。果核可以用刀尖取出。切好的果肉立刻淋上檸檬汁，可以預防氧化變色。

檸檬椰子磅蛋糕

檸檬的酸味讓人上癮！冷藏後食用更添美味

生酮比	含糖量
2.7	2.2克 （1/10塊）

（不含「柑橘糖漿」醃漬的檸檬）

36

材 料 22×9 公分的磅蛋糕烤模／1 條

無鹽奶油	80 克
羅漢果代糖	50 克
雞蛋	3 顆
椰奶	60 克

A
┌ 檸檬皮 ………… 10 克 (約 1/2 顆)
│ (也可直接使用 p.104 的「柑橘糖漿」醃漬檸檬)
└ 檸檬汁 …………………1.5 大匙

B
┌ 杏仁粉 ………………… 130 克
│ 椰子粉 ………………… 30 克
└ 泡打粉 ………………… 4 克

事前準備

■ 奶油起司置於室溫軟化。
■ 雞蛋打散成蛋液。
■ 椰奶要用時再從冰箱拿出來。記得先用湯匙攪拌均勻,再倒出所需用量。
■ A 的檸檬皮切碎,淋上檸檬汁。
■ 杏仁粉過篩。
■ 烤模鋪上烘焙紙。

做 法 預熱至 170℃

1. 奶油放入攪拌盆內,用打蛋器攪拌至滑順。

2. 拌至柔滑乳霜後,加入羅漢果代糖混合均勻。

3. 一邊少量加入蛋液一邊攪拌,再加入椰奶混合均勻成麵糊。

4. 麵糊攪拌滑順後,加入 A 混合均勻。混合均勻後,再依序加入 B 的材料,一邊仔細攪拌混合均勻,完成麵糊。

5. 麵糊倒入烤模,輕輕敲扣桌面,敲出麵糊間的空氣。放入烤箱中烘烤 35～40 分鐘至上色即可。

Tips

p.36 的照片,是在做法 5. 進烤箱前,放上 5 片 p.104 的「柑橘糖漿」醃漬檸檬再烘烤。沒有用糖漿醃漬的檸檬味道很苦,也不好切片。

也可以淋上椰子奶油做成糖霜蛋糕。這裡使用的是 Abios 公司的椰子奶油。

不使用麵粉也香氣四溢！
酥脆的小餅乾一口接一口

冰箱餅乾

抹茶口味

生酮比	含糖量
2.7	0.3克 （1片）

原味

生酮比	含糖量
2.7	0.3克 （1片）

可可口味

生酮比	含糖量
2.6	0.3克 （1片）

做法在下一頁 ↓

冰箱餅乾

一口一塊，飽足感與口感兼具！
隨身攜帶、墊墊肚子最適合。

原味

材　料　烤盤 2 盤（約 30 片）

奶油起司 ················· 10 克	
無鹽奶油 ················· 25 克	
羅漢果代糖 ··············· 20 克	
蛋黃 ···················· 1 顆	

A
| 杏仁粉 ·················· 70 克 |
| 椰子粉 ·················· 10 克 |
| 杏仁角 ···················· 8 克 |

抹茶口味

材　料　烤盤 2 盤（約 30 片）

奶油起司 ················· 10 克
無鹽奶油 ················· 25 克
羅漢果代糖 ··············· 20 克
蛋黃 ···················· 1 顆

A
| 杏仁粉 ·················· 70 克 |
| 椰子粉 ·················· 10 克 |
| 杏仁角 ···················· 8 克 |
| 抹茶粉 ···················· 3 克 |

可可口味

材　料　烤盤 2 盤（約 30 片）

奶油起司 ················· 10 克
無鹽奶油 ················· 25 克
羅漢果代糖 ··············· 20 克
蛋黃 ···················· 1 顆

A
| 杏仁粉 ·················· 60 克 |
| 椰子粉 ·················· 10 克 |
| 杏仁角 ···················· 8 克 |
| 可可粉 ···················· 7 克 |

事前準備

■ 奶油起司與奶油分別置於室溫軟化。
■ 杏仁粉過篩。
■ 烤盤鋪上烘焙紙。

做　法　　🔲　預熱至 170℃

1. 奶油起司放入攪拌盆內，用打蛋器攪拌至
滑順。

Tips

因為分量少，用小支打蛋器比較容
易操作。

2. 加入奶油，充分攪拌均勻。

3. 加入羅漢果代糖，充分攪拌至顆粒溶解。

4. 拌至柔滑乳霜後，加入蛋黃混合，再依
序加入 **A** 的材料，用橡皮刮刀以直線切拌
入，拌合成麵團（還有顆粒也沒關係）。

5. 麵團置於保鮮膜上，整型成直徑約 3 公
分的圓條狀。用保鮮膜包起，放進冰箱
冷藏 2 小時以上。

6. 等麵團變硬後從冰箱取出，切成 0.5 公
分厚的片狀，排列在烤盤上。放入烤箱
中烘烤 18 ～ 20 分鐘至上色。

7. 從烤箱取出，連烤盤一起置於餅乾散熱
架上放涼。

生酮比	含糖量
3.0	0.6_克 （1個）

明顯的紅茶香氣，高貴典雅的口味

紅茶湯匙餅乾

材　料　烤盤 1 盤（約 24 片）

無鹽奶油	……………………	50 克
A 羅漢果代糖	……………………	40 克
紅茶（茶包）	……………………	2 個
蛋黃	……………………	2 顆
B 核桃（參照 p.29 烘烤）	………	50 克
杏仁粉	……………………	90 克
杏仁片（參照 p.29 烘烤）	……	15 克

事前準備

■ 奶油置於室溫軟化。

■ 核桃裝入夾鏈袋，用擀麵棍磨成碎粉（殘餘少量碎塊無妨）。

■ 杏仁粉過篩。

■ 烤盤鋪上烘焙紙。

做　法　　　預熱至 180℃

1. 奶油放入攪拌盆內，用打蛋器攪拌至滑順，加入 A 繼續攪拌。

2. 混合均勻後，一顆顆加入蛋黃，每次加入蛋黃，都要用打蛋器攪拌混合均勻。

3. 依序加入 B 的材料，參照 p.41 的做法 **4.**，用橡皮刮刀以直線切拌入，拌合成麵糊。接著將杏仁片磨碎成自己喜歡的大小即可。

4. 先用一根湯匙舀起麵糊，再用另一根湯匙將麵糊刮到烤盤上，用湯匙前端替麵糊整型。

Tips

在攪拌盆中將麵糊分成 4 等分，每一等分再分成 6 湯匙，就很容易均分。

5. 放入烤箱中烘烤 13 ～ 15 分鐘至上色。

6. 從烤箱取出，連烤盤一起置於餅乾散熱架上放涼。

加入陳皮（乾燥的橘子皮）的藥膳風味也很好吃。

甜點的殿堂：古早味蛋糕。帶著一絲懷舊的風情！

椰子古早味蛋糕

生酮比	含糖量
6.9	**1.1**克 (1/10塊)

材　料　22×9 公分的磅蛋糕烤模／1 條

雞蛋 …………………………………… 2 顆
鹽 ……………………………………… 1 小撮
羅漢果代糖 …………………………… 35 克
A ┌ 鮮奶油 ……………………………… 30 克
　├ 椰子油 ……………………………… 1 大匙
　└ 羅漢果濃縮糖漿 ………………… 35 克
杏仁粉 ………………………………… 90 克

事前準備

■ A隔水加熱保溫備用。
■ 烤模鋪上烘焙紙（烘焙紙不可超出烤模）。
■ 砧板鋪上保鮮膜。

做　法　🔲 預熱至 170℃

1. 將雞蛋、鹽加入大型攪拌盆內，一邊用 50 ～ 60℃的水隔水加熱，一邊用手持電動攪拌器以高速完全打發（參照 p.17）。

2. 打發到泛白後，加入羅漢果代糖與 A，用手持電動攪拌器以低速稍微攪拌混合。

3. 篩入杏仁粉，用橡皮刮刀小心地以直線切拌入，拌合成麵糊。

4. 麵糊倒入烤模，輕輕敲扣桌面，敲出麵糊間的空氣。放入烤箱中烘烤 30 ～ 35 分鐘至稍微上色。

5. 從烤箱取出，將烤模倒扣在鋪了保鮮膜的砧板上，脫模後，趁熱用保鮮膜包起放涼。

Tips

放置 2 ～ 3 天入味，蛋糕會變得更濕潤美味！

健康食材

椰子油

　椰子製成的油，所以稱為「椰子油」。成分中 64% 為中鏈脂肪酸，因為容易消化吸收轉換成能量消耗掉，不容易形成三酸甘油脂，在無糖飲食中作用很大。和母乳一樣也含有月桂酸，具有抗菌與提升免疫力的效果。

　椰子油在 24 ～ 25℃下就會變成固態，使用時必須隔水加熱。此外，椰子油與其他油脂相比，較不容易在高溫下氧化，所以適合用於大火翻炒，或者油炸等高溫烹調。不過，溫度過高會破壞營養成分，還是盡量避免超過 180℃為宜。

香香苦苦的抹茶，呈現富含深度的風味，
長輩也喜歡！

抹茶古早味蛋糕

生酮比	含糖量
2.3	1.1克 （1/10塊）

材　料　22×9 公分的磅蛋糕烤模／1 條

```
      ┌ 鮮奶油 ……………………… 30 克
A  │ 無鹽奶油 …………………… 15 克
      └ 羅漢果濃縮糖漿 …………… 35 克
抹茶粉 …………………………………… 8 克
雞蛋 …………………………………… 2 顆
鹽 ………………………………… 1 小撮
羅漢果代糖 ………………………… 35 克
杏仁粉 ………………………………… 90 克
```

事前準備

■ 烤模鋪上烘焙紙（烘焙紙不可超出烤模）。
■ 砧板鋪上保鮮膜。

做　法　🔲 預熱至 170℃

1. 將 A 放入鍋中加熱，等奶油軟化成液態後，用湯匙攪拌混合。

2. 做法 **1.** 趁熱加入抹茶粉，用湯匙攪拌至抹茶混合均勻。

3. 將雞蛋、鹽加入大型攪拌盆內，一邊用 50 ～ 60℃的水隔水加熱，一邊用手持電動攪拌器以高速完全打發（參照 p.17）。

4. 打發到泛白後，加入羅漢果代糖、做法 **2.**，用手持電動攪拌器以低速稍微攪拌混合。

5. 篩入杏仁粉，用橡皮刮刀小心地以直線切拌入，拌合成麵糊。

6. 麵糊倒入烤模，輕輕敲扣桌面，敲出麵糊間的空氣。放入烤箱中烘烤30 ～ 35 分鐘至上色。

7. 從烤箱取出，將烤模倒扣在鋪了保鮮膜的砧板上，脫模後，趁熱用保鮮膜包起放涼。

健康食材

抹茶

　　含有豐富的茶胺酸（香氣成分）、兒茶素（苦味成分），以及維生素 C。茶胺酸可以降血壓，還有讓大腦與精神放鬆的作用。兒茶素則具有抗菌效果，維生素 C 可以促進抗氧化，所以對抗老與防癌也有作用。

滿滿的堅果！酥脆的口感與嚼勁讓人滿足

堅果義式脆餅

生酮比	含糖量
2.7	0.9克 （1片）

■ 核桃裝入夾鏈袋，用擀麵棍磨成碎粉（殘餘少量碎塊無妨，參照 p.43 事前準備的照片）。

■ 烤盤鋪上烘焙紙。

做 法 　預熱至 180℃→ 160℃

1. 將雞蛋放入攪拌盆內，用打蛋器打散，加入羅漢果代糖、融化奶油混合均勻。

2. 混合均勻後，依序加入 A 的材料，每次加入一種材料，用橡皮刮刀以直線切拌入，拌合成麵團。

3. 麵團置於烤盤上，整型成中間高度約 1.5 公分的魚板條狀。

4. 放入烤箱中烘烤 20 ～ 23 分鐘至稍微上色。

5. 從烤箱取出，切成 1 公分厚的片狀，切面朝上，再放入烤箱中烘烤 15 ～ 18 分鐘，烤至自己喜歡的上色程度。

6. 從烤箱取出，連烤盤一起置於餅乾散熱架上放涼。

Tips

完全放涼以後的餅乾，會比剛出爐時更有嚼勁，也比較好吃。

材 料 烤盤 1 盤（約 12 片）

雞蛋 ……………………………………	1 顆
羅漢果代糖 …………………………	35 克
融化的無鹽奶油 …………………	20 克

A
┌ 核桃（參照 p.29 烘烤）………… 60 克
│ 杏仁粉 ………………………… 70 克
│ 杏仁角（參照 p.29 烘烤）……… 10 克
└ 洋車前子………………………… 3 克

堅果與可可非常搭配，
男性也可以接受的美味

可可義式脆餅

生酮比	含糖量
2.5	1.1克 （1片）

材 料 烤盤 1 盤（約 12 片）

雞蛋 ·························	1 顆
羅漢果代糖 ·················	40 克
融化的無鹽奶油 ·············	20 克

A
- 核桃（參照 p.29 烘烤）···· 60 克
- 杏仁粉 ···················· 60 克
- 杏仁角（參照 p.29 烘烤）··· 10 克
- 可可粉 ···················· 15 克
- 洋車前子 ···················· 3 克

事前準備

■ 核桃裝入夾鏈袋，用擀麵棍磨成碎粉（殘餘少量碎塊無妨，參照 p.43 事前準備的照片）。

■ 烤盤鋪上烘焙紙。

做 法 預熱至 180℃→ 160℃

基本上與 p.49 堅果義式脆餅做法相同，但在做法 **2.**，加入洋車前子前，先加入可可粉。

高雅的苦味充滿魅力，
搭配咖啡或日本茶都合宜

抹茶義式脆餅

生酮比	含糖量
2.7	1.0克 （1片）

材 料 烤盤 1 盤（約 12 片）

雞蛋 ·························	1 顆
羅漢果代糖 ·················	35 克
融化的無鹽奶油 ·············	20 克

A
- 核桃（參照 p.29 烘烤）···· 60 克
- 杏仁粉 ···················· 70 克
- 杏仁角（參照 p.29 烘烤）··· 10 克
- 抹茶粉 ···················· 5 克
- 洋車前子 ···················· 3 克

事前準備

■ 核桃裝入夾鏈袋，用擀麵棍磨成碎粉（殘餘少量碎塊無妨，參照 p.43 事前準備的照片）。

■ 烤盤鋪上烘焙紙。

做 法 預熱至 180℃→ 160℃

基本上與 p.49 堅果義式脆餅做法相同，但在做法 **2.**，加入洋車前子前，先加入抹茶粉。

Mixing bowl.

Part 2
不用烤箱的冰涼甜點

食材樸實的風味與柔潤的口感，
讓人回味無窮。
種類豐富的布丁與冰淇淋等甜點，
即使在寒冷的季節也令人食指大動。

因為覆盆子的香氣與酸味，
即使脂肪含量高也很清爽容易入口

覆盆子布丁

生酮比	含糖量
3.0	3.1克 （1個）

（不含配料）

材　料　150 毫升布丁杯／ 4 個

覆盆子（新鮮或冷凍均可）……… 80 克
羅漢果代糖 ………………………… 45 克
A 「鮮奶油 ………………………… 200 克
　 杏仁奶 ………………………… 120 克
　 └無糖優格 ……………………… 30 克
熱水（80℃以上）…………… 90 毫升
吉利丁 ……………………………… 10 克

事前準備

■ 冷凍覆盆子自然解凍備用。

做　法

1. 覆盆子放在大耐熱碗中，用保鮮膜覆蓋，以500W的微波爐加熱30～40秒，至覆盆子軟化出水的程度。

2. 趁熱加入羅漢果代糖，用打蛋器一邊壓碎覆盆子一邊混合。

3. 稍微放涼後，加入 A，攪拌混合均勻。

4. 加入溶於熱水的吉利丁，快速攪拌混合（參照 p.15）成布丁液。

5. 均分倒入布丁杯中，放進冰箱冷藏至完全凝固。

Tips

也可以將冰至凝固的布丁取出，放上配料。配料可以使用覆盆子與打發的鮮奶油等，更添風味。

簡單攪拌就可完成的日式甜點，
讓你充分攝取芝麻的營養！

黑芝麻布丁

生酮比	含糖量
3.4	2.1克 （1個）

（不撒黑芝麻）

材　料　150 毫升布丁杯／4 個

A ┌ 鮮奶油 ………………… 200 克
　├ 杏仁奶 ………………… 200 毫升
　└ 黑芝麻粉 ……………… 30 克
羅漢果代糖 …………………… 45 克
熱水（80℃以上） ………… 100 毫升
吉利丁 ………………………… 10 克

做　法

1. A 放入攪拌盆中，用打蛋器仔細攪拌混合。

2. 羅漢果代糖、吉利丁加入熱水中溶解（參照 p.15），然後倒入做法 1. 的攪拌盆內，快速混合成布丁液。

3. 馬上均分至容器中，放進冰箱冷藏 1 小時以上至凝固。

Tips

使用黑芝麻做為配料，可以增添顆粒口感。

撒上枸杞的藥膳風味也很好吃。

健康食材

芝麻

以芝麻明為代表成分，對肝運作具有強化功能。此外，也具有增加血管彈性，恢復身體與大腦細胞疲勞的作用。

黑芝麻含有非常豐富的多酚，對於抗老化特別有效。小小一粒就包含了維生素 B1、E、鐵、磷、鎂、鋅、鈣等維生素與礦物質。外皮比較硬，磨碎之後攝取，可以提高營養吸收率。

不使用牛乳，卻香濃滑順很有飽足感的甜點
香濃布丁

生酮比	含糖量
3.4	1.2克 （1個）

材 料 90 毫升玻璃瓶／3 個

A ┌ 全蛋 ························· 1 顆
　 └ 蛋黃 ························· 1 顆
鮮奶油 ························· 100 克
杏仁奶 ························· 100 毫升
羅漢果代糖 ···················· 35 克

事前準備

■ 剪好可以包住玻璃瓶口大小的鋁箔紙 3 塊。

做 法

1. A 放入攪拌盆中，用打蛋器攪打混合成蛋液。

2. 其他材料加入鍋中，用稍弱的中火加熱，用打蛋器攪拌混合，等羅漢果代糖溶解之後熄火（不要煮沸）。

3. 做法 2. 整鍋倒入做法 1. 的攪拌盆中，快速混合成布丁液，用濾網過濾。

Tips

將布丁液濾至開口較大的量杯中，就可輕鬆均分至玻璃瓶。

4. 將濾過的布丁液均分，慢慢倒入玻璃瓶中，用鋁箔紙密實封口。

5. 玻璃瓶放入湯鍋中，鍋內加水至玻璃瓶身 8 成的高度。

6. 蓋上鍋蓋，以中火加熱，煮沸後轉小火，蒸煮約 5 分鐘後熄火，打開鍋蓋放置約 12 分鐘。

7. 以餘熱蒸熟到布丁表面凝固，瓶子搖晃時會彈跳的程度，就可以從湯鍋取出。大致放涼後放入冰箱冷藏。

不含糖的蕨餅！
使用 2 種材料立刻可以完成

蕨餅

生酮比	含糖量
1.0	0.0 克 （1 小盤）

（不含黃豆粉）

材料

10×16 公分容器／1 個（3 小盤份量）

水 ⋯⋯⋯⋯⋯⋯⋯⋯⋯⋯ 150 毫升
羅漢果代糖
⋯⋯⋯⋯ 1.5 ～ 2 大匙（按照喜好份量）
洋車前子 ⋯⋯⋯ 4 克（專用湯匙 1 匙）

Tips

黃豆粉含糖高，注意不要添加過多。

做法

1. 材料依序加入鍋中，每加入一種材料，都用打蛋器快速混合。

2. 開小火並攪拌 2 ～ 3 分鐘，等變得黏稠後熄火。

3. 倒入容器，大致放涼後放入冰箱冷藏。

4. 完全凝固後，切成適當大小裝盤，撒上黃豆粉（不含在材料內）食用。

天熱時就會想吃
冰冰涼涼的日式甜點

抹茶蕨餅

生酮比	含糖量
1.0	0.0 克 （1 小盤）

（不含黃豆粉）

材 料

10×16 公分容器／1 個（3 小盤份量）

水 ……………………………… 150 毫升
抹茶粉 …… 3～5 克（按照喜好份量）
羅漢果代糖
………… 1.5～2 大匙（按照喜好份量）
洋車前子 ……… 4 克（專用湯匙 1 匙）

做 法

1. 材料依序加入鍋中，每加入一種材料，都用打蛋器快速混合。

2. 開小火並攪拌 2～3 分鐘，等變得黏稠後熄火。

3. 倒入容器，大致放涼後放入冰箱冷藏。

4. 完全凝固後，切成適當大小裝盤，撒上黃豆粉（不含在材料內）食用。

61

全家人一起一杓一杓享用。做法簡單的冰淇淋

冰淇淋

生酮比	含糖量
3.6	6.6克 （整份）

材　料

約 24×20×3.5 公分容器／ 1 個（4～6 碗）

鮮奶油	200 克
雞蛋（新鮮的）	2 顆
羅漢果濃縮糖漿	40 克

事前準備

■ 鮮奶油欲使用時，再從冰箱拿出來。

做　法

1. 鮮奶油倒入攪拌盆內，隔冰水冰鎮打發（參照 p.16）。

2. 雞蛋、羅漢果濃縮糖漿倒入另一個攪拌盆中，用手持電動攪拌器攪打。

3. 打至顏色泛白後，把做法 1. 加入，用橡皮刮刀仔細地以直線切拌入，拌合。

4. 倒入容器，放入冰箱冷凍凝固即可。

生酮比	含糖量
3.1	12.9克 （整份）

酸酸甜甜讓人受不了！
要不要嘗嘗可愛的冰淇淋呢？

覆盆子起司冰淇淋

材　料

約 24×20×3.5 公分容器／1 個（6～8 碗）

A	奶油起司 ……………………	150 克
	雞蛋（新鮮的）……………	1 顆
	羅漢果濃縮糖漿 …………	60 克
	檸檬汁 ……………………	1 大匙
B	鮮奶油 ……………………	150 克
	羅漢果代糖 ………………	20 克
覆盆子（冷凍）………………		60 克

做　法

1. 將 A 用食物調理機打至滑順均勻。

2. B 放入較大的攪拌盆內，隔冰水冰鎮打發（參照 p.16）。

3. 將做法 1. 倒入做法 2. 的攪拌盆，用橡皮刮刀仔細地以直線切拌入，拌合。

4. 倒入容器，撒上碎覆盆子，放入冰箱冷凍凝固。

事前準備

■ 奶油起司置於室溫軟化。
■ 鮮奶油欲使用時，再從冰箱拿出來。
■ 覆盆子切小丁。

不敢吃酪梨的人也會想試試看
不同一般、成熟風味的冰淇淋

酪梨冰淇淋

生酮比	含糖量
7.6	11.3 克 （整份）

（不含薄荷葉）

約 24×20×3.5 公分容器／ 1 個（6 ～ 8 碗）

A
- 酪梨　………　1 顆（果肉約 120 克）
- 檸檬汁　………………………　1 大匙
- 鮮奶油　………………………　50 克
- 無糖優格　……………………　50 克
- 羅漢果濃縮糖漿　……………　40 克
- 蛋黃（新鮮的）　………………　1 顆
- 椰子油　………………………　1 大匙

B
- 鮮奶油　………………………　150 克
- 羅漢果代糖　…………………　10 克

事前準備

■ 椰子油若呈現固態，以隔水加熱方式融化。

■ 鮮奶油欲使用時，再從冰箱拿出來。

■ 酪梨去皮去核（參照 p.35 的健康食材說明），切丁後淋上檸檬汁。

做　法

1. 將 A 用食物調理機打至滑順均勻，酪梨丁完全融合。

2. B 放入較大的攪拌盆內，隔冰水冰鎮打發（參照 p.16）。

3. 將做法 1. 倒入做法 2. 的攪拌盆，用橡皮刮刀仔細地以直線切拌入，拌合。

4. 倒入容器，放入冰箱冷凍凝固。

生酮比	含糖量
2.7	3.6 克 （1 個）

椰子香氣滿溢的奶酪，充分享受南國的風味

椰子奶酪

材　料　150 毫升布丁杯／4 個

無糖優格	……………………	150 克
A ┌ 鮮奶油	……………………	150 克
├ 椰奶	……………………	100 毫升
└ 羅漢果代糖	………………	40 克
吉利丁	……………………	8 克

做　法

1. 優格倒入攪拌盆內，隔冰水冰鎮。

2. 將 A 放入鍋中，以稍弱的中火加熱，用打蛋器攪拌混合。煮沸前熄火。

3. 吉利丁直接加入鍋中，快速混合（參照 p.15）。

4. 吉利丁均勻混合後，緩緩倒入做法 1. 的攪拌盆中，一邊攪拌混合成奶酪液。

5. 奶酪液大致放涼後均分倒入布丁杯，放入冰箱冷藏 1 小時以上至凝固。

和洋兼具，香濃的抹茶甜點

抹茶奶酪

| 材　料 | 150 毫升布丁杯／ 4 個 |

無糖優格 ……………………… 150 克

A
┌ 鮮奶油 ……………………… 150 克
│ 椰奶 ………………………… 100 毫升
│ 羅漢果代糖 ………………… 40 克
└ 抹茶粉 ……………………… 12 克
吉利丁 ………………………… 8 克

做　法

1. 優格倒入攪拌盆內，隔冰水冰鎮。

2. 將 A 放入鍋中，以稍弱的中火加熱，用打蛋器攪拌混合。煮沸前熄火。

3. 吉利丁直接加入鍋中，快速混合（參照 p.15）。

4. 吉利丁均勻混合後，緩緩倒入做法 1. 的攪拌盆中，一邊攪拌混合成奶酪液。

5. 奶酪液大致放涼後均分倒入布丁杯，放入冰箱冷藏 1 小時以上至凝固。

生酮比	含糖量
2.6	3.6 克 (1 個)

(不含配料)

生酮比	含糖量
0.7	0.1 克 (整份)

（僅碎果凍部分）

可以放在椰子奶酪上享受雙層口味，直接單吃也美味！

紅茶碎果凍

材　料　約 110 克

紅茶包 ······························· 1 個
沸水 ····························· 100 毫升
羅漢果代糖 ····· 1 大匙以上（按照喜好份量）
吉利丁 ······························· 3 克

做　法

1. 紅茶包在耐熱碗內用沸水沖開，覆蓋保鮮膜燜泡。

2. 約 2～3 分鐘泡出紅茶顏色後，取出茶包，加入羅漢果代糖，用打蛋器攪拌均勻。

3. 羅漢果代糖溶解後，加入吉利丁（參照 p.15），快速混合成果凍液。

4. 大致放涼後，放入冰箱冷藏 1 小時以上至凝固，再取出用叉子叉碎果凍。

淋在冰涼的甜點上增添風味，酸酸甜甜的萬用醬汁。

覆盆子醬

材料　約 55 克

覆盆子（新鮮或冷凍均可）………… 40 克
水 ……………………………… 1 大匙
羅漢果代糖
………… 1/2 小匙以上（按照喜好份量）

事前準備

■ 冷凍覆盆子自然解凍備用。

做法

1. 覆盆子放在大耐熱碗中，用保鮮膜覆蓋，以 500W 的微波爐加熱 30 ～ 40 秒，至覆盆子軟化出水的程度。

2. 趁熱加入羅漢果代糖，接著一邊用打蛋器壓碎覆盆子，一邊攪拌混合成醬汁狀。

Tips

可以搭配椰子奶酪享用，口味更具層次。

生酮比	含糖量
0.1	2.2 克 （整份）

（僅覆盆子醬部分）

71

Spoon,

Part 3
百吃不膩的美味甜點

每一道都讓人百吃不膩，
適合聚會或送禮的香濃甜點。
口味醇厚、造型華美，
完全沒有印象中無糖的感覺。
三五好友一起享用，
話匣子也自自然然地打開了。

蓬鬆的口感新鮮又驚奇，大人小孩都喜歡的風味

藍莓慕斯蛋糕

生酮比	含糖量
2.1	4.4 克 （1 個）

（僅限藍莓慕斯的部分）

材 料　　150 毫升布丁杯／6 個

A｜ 藍莓（新鮮或冷凍均可）⋯⋯ 150 克
　 優格 ⋯⋯⋯⋯⋯⋯⋯⋯⋯⋯ 100 克
　 檸檬汁 ⋯⋯⋯⋯⋯⋯⋯⋯⋯ 1 大匙

B｜ 鮮奶油 ⋯⋯⋯⋯⋯⋯⋯⋯⋯ 200 克
　 羅漢果代糖 ⋯⋯⋯⋯⋯⋯⋯ 40 克

熱水（80℃以上）⋯⋯⋯⋯⋯⋯ 3 大匙
吉利丁 ⋯⋯⋯⋯⋯⋯⋯⋯⋯⋯ 5 克

事前準備

■ 冷凍藍莓自然解凍備用。
■ 鮮奶油欲使用時，再從冰箱拿出來。

做 法

1. 將 A 用食物調理機打至滑順均勻。

2. B 放入較大的攪拌盆內，隔冰水冰鎮打發（參照 p.16）。

3. 將做法 **1.** 倒入做法 **2.** 的攪拌盆內，用橡皮刮刀仔細地以直線切拌入，拌合至顏色均勻。

Tips

依據打發與混合的狀態，完成的分量會有差異。

4. 接著加入以熱水溶解的吉利丁，快速混合均勻成慕斯液。

5. 用大湯匙將慕斯液均分至布丁杯中，放入冰箱冷藏。

Tips

像照片上一樣，加上一層瀝乾水分的優格，裝飾藍莓和切成小丁的檸檬，可愛又美味。

想配咖啡一起吃，
濕潤的口感正是賣點

巧克力蛋糕

生酮比	含糖量
2.9	1.4克 （1/10 塊）

材 料 22 × 9 公分的磅蛋糕烤模／1 條

奶油起司	……………………………	60 克
無鹽奶油	……………………………	50 克
A ┌ 羅漢果代糖	……………………	30 克
└ 羅漢果濃縮糖漿	……………	30 克
B ┌ 鮮奶油	…………………………	90 克
│ 可可粉	…………………………	30 克
└ 杏仁粉	…………………………	35 克
雞蛋	……………………………………	2 顆
洋車前子	…………………………	2 克

事前準備

■ 奶油起司與奶油分別置於室溫軟化。
■ 鮮奶油隔熱水保溫備用。
■ 杏仁粉過篩。
■ 烤模鋪上烘焙紙。
■ 烤盤或裝得下烤模的耐熱容器，倒入熱水進行預熱。

Tips

隔熱水蒸烤（水浴蒸烤），是讓烤箱內充滿蒸氣來烘焙。也可以用小的耐熱容器裝入熱水，放在烤盤的角落進行預熱。

做 法 　預熱至 150℃

1. 將奶油起司放入攪拌盆內，用打蛋器攪拌至滑順。

2. 加入奶油，用打蛋器攪拌至柔滑乳霜狀。

3. 加入 A，充分攪拌至羅漢果代糖的顆粒溶解。

4. 依序加入 B 的材料，每次加入材料，都要攪拌混合均勻。

5. 雞蛋放入另一個攪拌盆內，一邊隔水加熱，一邊用手持電動攪拌器以高速完全打發（參照 p.17）。

6. 打發到泛白後，取一半量倒入做法 4. 的攪拌盆中，用打蛋器稍微攪拌混合。

7. 再倒入剩下的一半量，並在表面撒上洋車前子，用橡皮刮刀以直線切拌入，拌合成麵糊。

8. 麵糊倒入烤模，輕輕敲扣桌面，敲出麵糊間的空氣。放入烤箱中，隔熱水蒸烤 26 ～ 28 分鐘。

9. 烘烤完成，置於烤箱中約 1 小時。從烤箱取出，連烤模一起置於蛋糕散熱架上放涼。

Tips

放進冰箱冷藏會更好吃。用剩的鮮奶油打發後，可以塗抹在蛋糕上一起享用。

生酮比	含糖量
3.6	3.1克 （1個）

（不含配料）

用布丁杯製作非常簡單！
在口中擴散的檸檬香氣是隱藏版的味道

免烘烤起司杯子蛋糕

材 料　　150 毫升布丁杯／4 個

奶油起司 …………………………… 200 克
羅漢果濃縮糖漿 ………………… 50 克
鮮奶油 …………………………… 200 克
檸檬汁 …………………………… 20 克
熱水（80°C以上）…………… 3 大匙
吉利丁 …………………………… 5 克

事前準備

■ 奶油起司置於室溫軟化。

做 法

1. 奶油起司放入攪拌盆內，用打蛋器攪拌至滑順。

2. 加入羅漢果濃縮糖漿混合均勻。

3. 依序加入鮮奶油與檸檬汁，每次加入材料，都要攪拌至滑順均勻。

4. 加入以熱水溶解的吉利丁，快速混合均勻（參照 p.15）。

5. 均分倒入布丁杯，放入冰箱冷藏即可。

Tips

也可以像左頁照片中擠上鮮奶油，撒上切碎的覆盆子，變身成華麗的甜點。

Spoon.

生酮比	含糖量
3.6	2.7克 （1個）

（不含配料）

抹茶與奶油起司絕妙的平衡，
以日式甜點的眼光來看也是上上之選

免烘烤抹茶起司蛋糕

材　料　　　150 毫升布丁杯／4 個

奶油起司 ……………………………	200 克
羅漢果濃縮糖漿 ……………………	50 克
鮮奶油 ………………………………	200 克
抹茶粉 ………………………………	10 克
熱水（80℃以上）…………………	3 大匙
吉利丁 ………………………………	5 克

事前準備

■ 奶油起司置於室溫軟化。

做　法

1. 奶油起司放入攪拌盆內，用打蛋器攪拌至滑順。

2. 加入羅漢果濃縮糖漿混合均勻。

3. 依序加入鮮奶油與抹茶粉，每次加入材料，都要攪拌至滑順均勻。

4. 加入以熱水溶解的吉利丁，快速混合均勻（參照 p.15）。

5. 均分倒入布丁杯，放入冰箱冷藏即可。

Tips

如果使用紅豆餡當配料，最好用低糖的紅豆餡。自製的話，可以將紅豆煮到用手指便可壓碎的程度，使用羅漢果代糖與羅漢果濃縮糖漿增加甜味。也可以使用市面上現成販售的產品。不過，因為紅豆含糖量高，注意不要吃過量！

生酮比	含糖量
3.3	2.0克 (1個)

（不含薄荷葉）

烘烤得鬆鬆軟軟，
夾著滿溢出來的鮮奶油，吃得好開心！

迷你鬆餅

材 料　　3 個

A ⎡ 鮮奶油 ………………… 15 克
　 ⎣ 羅漢果代糖 …………… 10 克
雞蛋 ………………………… 1 顆
杏仁粉 ……………………… 25 克
洋車前子 ……………………… 3 克
B ⎡ 鮮奶油 ………………… 100 克
　 ⎣ 羅漢果代糖 …………… 10 克

事前準備

■ 準備一個和烤盤差不多大小的砧板。
■ 烤盤鋪上烘焙紙。

做 法

1. 將 A 放入耐熱容器內，一邊隔熱水加熱，一邊用湯匙攪拌至羅漢果代糖溶化。

2. 將雞蛋放入攪拌盆內，一邊隔熱水加熱，一邊用手持電動攪拌器以高速完全打發（參照 p.17）。

3. 加入做法 1. 後，立刻用打蛋器攪拌 1 ～ 2 次。

4. 杏仁粉篩入攪拌盆，加入洋車前子，用打蛋器攪拌混合均勻成麵糊。

5. 用勺子一次舀出 1/3 量的麵糊，在烤盤上鋪成圓餅狀，放入烤箱中烘烤 6 ～ 8 分鐘至稍微上色。

6. 從烤箱取出，連烘焙紙一起置於砧板上。立刻在上面覆蓋保鮮膜，防止鬆餅乾掉，同時放涼。

7. 完全放涼後，用廚房剪刀將鬆餅下方的烘焙紙剪成比鬆餅稍大的圓形。

8. 連著烘焙紙拿起，將鬆餅慢慢對折後，拿掉烘焙紙。

9. 將 B 倒入攪拌盆內，隔冰水冰鎮打發（參照 p.16），夾在鬆餅中即可。

Tips

想要烤出口感蓬鬆的鬆餅，必須一口氣完成做法 2. ～ 5.，並且小心不要打出泡泡。

生酮比	含糖量
3.3	2.9克 (1/8塊)

不含麵粉也好吃，
起司醇厚的香氣在口中擴散

起司蛋糕

材 料 直徑 18 公分圓形烤模／1 個

A
- 杏仁粉 ················· 100 克
- 無鹽奶油 ··············· 60 克
- 羅漢果代糖 ············· 25 克

奶油起司 ················· 200 克
羅漢果代糖 ··············· 40 克
雞蛋 ······················· 3 顆
鮮奶油 ··················· 200 克
檸檬汁 ··················· 2 小匙
融化的無鹽奶油 ··········· 20 克

事前準備

■ 奶油起司置於室溫軟化。
■ 雞蛋打散成蛋液。
■ 杏仁粉過篩。
■ A 的奶油切成 1 公分的丁狀，冷藏。
■ 烤模鋪上烘焙紙。

做 法 　　　預熱至 180°C → 180°C

1. 將 A 放入攪拌盆內，然後用雙手捏碎奶油混合。

> **Tips**
>
> 混合好的 A 有顆粒也沒關係。

2. 倒入烤模，用湯匙將表面鋪平、壓緊。

3. 鋪滿烤模底部後，用叉子叉出氣孔（參照 p.33 的做法 **3.** 照片）。放入烤箱烘烤 16 ～ 18 分鐘至稍微上色。

4. 從烤箱取出，置於蛋糕散熱架上放涼。

5. 奶油起司放入攪拌盆中，用打蛋器攪拌至滑順。

6. 依序加入剩下材料，一邊加入一邊用打蛋器攪拌均勻。

7. 將做法 **6.** 倒入放涼的做法 **4.** 烤模中，放入烤箱烘烤 40 ～ 45 分鐘至上色。

8. 從烤箱取出，連烤模一起在蛋糕散熱架上放涼。大致放涼後，用保鮮膜覆蓋好，送入冰箱冷藏。

生酮比	含糖量
3.7	1.0克 (1/10塊)

滿溢出可可的美味，
讓你一口接一口的冰涼小點

生巧克力

材 料　約 10 公分的方形容器／1 個

奶油起司 ………………………	60 克
無鹽奶油 ………………………	50 克
A ┌ 羅漢果濃縮糖漿 …………	40 克
├ 鮮奶油 …………………	100 克
└ 可可粉 ………………………	20 克
可可粉 …………………………	10 克

事前準備

■ 奶油起司與奶油分別置於室溫軟化。
■ 容器鋪上烘焙紙或保鮮膜。

做 法

1. 奶油起司放入攪拌盆內，用打蛋器攪拌至滑順。

2. 加入奶油，用打蛋器攪拌混合均勻。

3. 依序加入 A 的材料，每加入材料，都以打發的方法徹底攪拌均勻。

4. 趁還沒凝固時，用橡皮刮刀倒入容器，放入冰箱冷凍凝固。

5. 從冷凍庫取出，切成自己喜歡的大小，撒上可可粉即可享用。

Tips

❶ 如果太硬不好切，可以放在室溫解凍軟化，或是菜刀浸泡熱水後再切。

❷ 在半解凍狀態下食用最好吃！此外，p.88 也介紹了生巧克力塔的做法。

拿手的巧克力製成可愛的迷你塔，
送禮自用兩相宜

生巧克力塔

【塔皮麵團】 ＊生巧克力塔和 p.90 的奶油起司塔，使用同樣的塔皮麵團。

材料 杯形馬芬烤模（9 號）／ 6 個

奶無鹽奶油	…………………………	30 克
羅漢果代糖	…………………………	20 克
蛋黃	…………………………	1 顆
A 杏仁粉	…………………………	80 克
椰子粉	…………………………	5 克

事前準備

■ 奶油置於室溫軟化。
■ 杏仁粉過篩。
■ 馬芬烤模內部抹上奶油（奶油量不含在材料內）。

做法 　預熱至 170℃

1. 奶油放入攪拌盆內，用打蛋器攪拌至滑順、柔滑乳霜狀。

2. 依序加入羅漢果代糖與蛋黃，每次加入材料，都要仔細攪拌混合。

3. 加入 A，用橡皮刮刀以直線切入方式拌合。

> **Tips**
>
> 這裡絕對不可以攪拌到均勻滑順！像 p.41 做法 **4.** 的照片那樣，帶有顆粒的狀態即可。

4. 麵團稍微壓平整，用保鮮膜包起，放入冰箱冷藏 2 小時以上。

5. 麵團變硬後從冰箱取出，快速擀平，用 9 號大小的壓模（菊花或圓形，參照 p.13）壓出塔皮形狀，鋪在杯狀烤模裡，並且用叉子叉出氣孔。

> **Tips**
>
> 製作過程中，如果麵團變軟了，就再放回冰箱冷藏冰至硬，以利操作。

6. 放入烤箱中烘烤 17 ～ 20 分鐘至稍微上色。

7. 從烤箱取出，連烤模一起置於蛋糕散熱架上放涼。完全放涼後，烤模底部輕輕敲扣桌面，取出烤好的塔皮。

（不含配料）

生酮比	含糖量
3.3	2.5 克 （1 個）

【 生巧克力塔餡 】

材　料　杯形馬芬烤模（9 號）／6 個

奶油起司	……………………	45 克
無鹽奶油	……………………	35 克
A ⎧ 羅漢果濃縮糖漿	…………	28 克
⎨ 鮮奶油	……………………	70 克
⎩ 可可粉	……………………	14 克

事前準備

■ 奶油起司與奶油分別置於室溫軟化。

做　法

1. 奶油起司放入攪拌盆內，用打蛋器攪拌至滑順。

2. 加入奶油，用打蛋器攪拌混合均勻。

3. 依序加入 A 的材料，每加入材料，都以打發的方法徹底攪拌均勻，即成可可起司麵糊。

4. 趁可可起司麵糊還沒凝固時，均分倒入 p.88 做法 7. 放涼的塔皮上，放入冰箱冷藏。

Tips

可以像上方照片上一樣，加上烘焙過的杏仁碎（參照 p.29 的方法烘烤）當配料，整個點心立刻變身豪華！

奶油起司塔

外皮酥脆、內餡滑嫩，雙重口感讓人雀躍不已

【奶油起司塔餡】

材　料　杯形馬芬烤模（9 號）／ 6 個

A ┌ 藍鮮奶油 ………………………… 70 克
　└ 羅漢果代糖 ……………………… 5 克
奶油起司 …………………………… 70 克
羅漢果濃縮糖漿 …………………… 10 克
檸檬汁 ……………………………… 1 大匙

事前準備

■ 奶油起司置於室溫軟化。
■ 鮮奶油欲使用時，再從冰箱拿出來。

生酮比	含糖量
3.0	**2.4**克 （1個）

（不含配料）

做　法

1. 將 A 倒入攪拌盆內，隔冰水冰鎮，用手持電動攪拌器打發（參照 p.16）。

2. 奶油起司放入另一個攪拌盆內，用打蛋器攪拌至滑順。

3. 接著，加入羅漢果濃縮糖漿與檸檬汁，攪拌混合均勻。然後再加入做法 **1.**，攪拌混合均勻成起司麵糊。

4. 將起司麵糊均分倒在 p.88 做法 **7.** 放涼的塔皮上，放入冰箱冷藏。

Tips

可以依照個人喜好，使用薄荷葉、檸檬皮，或切碎的覆盆子來裝飾，更添可愛氣氛。

生酮比	含糖量
3.7	1.5克 （1/8塊）

在義大利文中有「振奮精神」的意思
是帶給大家元氣的小小獎勵！

提拉米蘇

材　料　　約 850 毫升的容器／1 個

A ⎡ 鮮奶油 ………………… 200 克
　 ⎣ 羅漢果代糖 ……………… 40 克

奶油起司 ………………… 200 克
蛋黃（新鮮的）…………… 2 顆
可可粉 …………………… 6 克

事前準備

■ 奶油起司置於室溫軟化。
■ 鮮奶油欲使用時，再從冰箱拿出來。

做　法

1. 將 A 倒入攪拌盆內，隔冰水冰鎮，用手持電動攪拌器打發（參照 p.16）。

2. 奶油起司放入另一個較大的攪拌盆內，用打蛋器攪拌至滑順。

3. 接著一次加入一顆蛋黃，每次加入蛋黃都要攪拌均勻，最後拌成乳霜狀。

4. 將做法 1. 分成 2 ～ 3 次加入做法 3.，每次加入後，都要用橡皮刮刀仔細地以直線切拌入，拌合成起司麵糊。

5. 將起司麵糊倒入容器中，放入冰箱冷藏。

6. 享用之前，將可可粉用篩網撒在做法 5. 上即可。

Tips

可可粉的份量可以依照個人喜好增減，另外，此處使用無糖可可粉。

生酮比	含糖量
3.1	1.3克 （1個）

入口瞬間即化
雖然是起司口味，但後味清爽不膩

舒芙蕾起司蛋糕

材　料　150 毫升的烤盅／4 個

奶油起司	100 克
無鹽奶油	20 克
羅漢果代糖	30 克
蛋黃	2 顆
A ┌ 鮮奶油	40 克
└ 檸檬汁	1 大匙
蛋白	2 顆

事前準備

■ 奶油起司與奶油分別置於室溫軟化。
■ 取大的攪拌盆（不鏽鋼製為佳）放入冰箱
　冷藏。
■ 每個烤盅內部抹上 1 克的無鹽奶油（不含
　在材料內）。
■ 烤盤或裝得下所有烤盅的耐熱容器，倒入
　熱水進行預熱（參照 p.77 的事前準備）。

做　法　🔲 預熱至 150°C→ 130°C

1. 奶油起司放入攪拌盆內，用打蛋器攪拌
　 至滑順。

2. 加入奶油，攪拌至滑順、柔滑乳霜狀。

3. 加入羅漢果代糖，充分攪拌至顆粒溶解。

4. 接著一次加入一顆蛋黃，每次加入蛋
　 黃都要攪拌均勻。

5. 依序加入 A 的材料，每次加入材料都
　 要攪拌混合均勻。

6. 蛋白放入大的攪拌盆中，隔冰水冰鎮，
　 攪打至提起手持電動攪拌器時，蛋白霜
　 尖端呈尖鉤狀（完全挺起，參照 p.16）。

7. 將做法 6. 的蛋白霜分 2 ～ 3 次加入做
　 法 5. 的攪拌盆內，用橡皮刮刀小心地
　 將蛋白霜，以直線切入麵糊拌合均勻。

8. 將麵糊均分倒入烤盅，輕輕敲扣桌面，
　 敲出麵糊間的空氣。放入烤箱中，以隔
　 水蒸烤（水浴蒸烤）20 分鐘，然後降
　 溫到 130°C，再蒸烤約 35 分鐘至上色
　 （參照 p.77 的事前準備）。

Tips

為了避免出爐時破壞表面，麵糊大
約裝至距離烤盅邊緣 0.5 公分的高
度即可。

9. 立刻從烤箱取出，置於蛋糕散熱架上
　 放涼。大致放涼後，放入冰箱冷藏。

（不含水果）

生酮比	含糖量
2.8	2.1克 （1個）

蓬鬆柔軟的蛋糕與滑順爽口的鮮奶油，
融合成奢侈豪華的一瞬間。可以使用湯匙享用。

蛋糕捲

材 料 約 37×25 公分的烤盤，或是
蛋糕捲烤模一條（約 10 塊）

雞蛋	…………………………	6 顆
羅漢果代糖	……………………	60 克
鮮奶油	………………………	60 克
A ┌ 杏仁粉	…………………	80 克
└ 泡打粉	…………………	6 克
B ┌ 鮮奶油	…………………	250 克
└ 羅漢果代糖	………………	25 克

事前準備

■ 取大的攪拌盆（不鏽鋼製為佳）放入冰箱冷藏。

■ 鮮奶油欲使用時，再從冰箱拿出來。

■ 60 克鮮奶油隔熱水保溫備用。

■ A 的材料混合後一起過篩。

■ 剪好兩張比烤盤大的烘焙紙。一張鋪在烤盤上，另一張用在做法 **9.**。

■ 預先剪好 10 張 7 ～ 8 公分寬的條狀烘焙紙，在做法 **12.** 中會使用到。

做 法 預熱至 180℃

1. 將蛋白打入冷藏的大攪拌盆內，蛋黃打入常溫的普通攪拌盆內。

2. 蛋白的攪拌盆隔冰水冰鎮，用手持電動攪拌器以高速一口氣打發蛋白霜（參照 p.16）。

3. 將羅漢果代糖加入蛋黃的攪拌盆內，用手持電動攪拌器以低速攪拌，混合到一半轉成高速，打到蛋黃泛白、混合成較硬的乳霜狀。

4. 加入鮮奶油，用打蛋器稍微混合，再加入 A，仔細攪拌均勻。

5. 將做法 2. 的蛋白霜慢慢倒入做法 4. 中，輕柔混合均勻。

6. 徹底混合之後，用橡皮刮刀將麵糊倒入烤盤，表面整平。

Tips

像照片一樣，用刮板慢慢鋪滿整個烤盤，將表面整平。

7. 放入烤箱烘烤約 10 ～ 12 分鐘至稍微上色。從烤箱取出，烤盤輕輕敲扣桌面脫模。

8. 連烘焙紙一起置於蛋糕散熱架上，趁熱覆蓋保鮮膜，避免蛋糕乾掉。

9. 大致放涼後撕掉保鮮膜，覆蓋上另一張較大的烘焙紙，兩手一上一下夾住蛋糕翻面。連烘焙紙一起慢慢置於砧板上，完全放涼。

10. 撕掉上面的烘焙紙，切除蛋糕四邊。
　　　寬邊每隔 1 公分寬，往下縱切至蛋糕
　　　1/3 厚度的切痕。

Tips

切痕是為了方便捲成圓形。菜刀以前
後移動的方式，會比較容易切進去。

11. 長邊切成 10 等分（約 3.5 公分寬），
　　　有切痕的那面朝內，兩端合起來做成
　　　蛋糕捲。

12. 用裁剪成 7 ～ 8 公分寬的烘焙紙條，
　　　在蛋糕捲外面稍微圈緊，用釘書針固
　　　定。

13. 將 B 放入攪拌盆內，隔冰水冰鎮，用
　　　手持電動攪拌器打發（參照 p.16）。
　　　將打發鮮奶油填入擠花袋中，在蛋糕
　　　捲中央空洞的部分，以螺旋狀擠入鮮
　　　奶油。

14. 烘焙紙先不要拿掉，從上面覆蓋保鮮
　　　膜，放入冰箱冷藏。完全冰涼之後取
　　　出，拿掉烘焙紙與保鮮膜即可享用。

Tips

❶ 蛋糕捲完成後，覆蓋上保鮮膜，隔著保鮮膜用手指撫平，鮮奶油表面就會變得很工整。
❷ 蛋糕切成方形，使用鮮奶油或 p.108 ～ 113 介紹的各種奶油醬，可以做成鮮奶油蛋糕
　或鮮奶油三明治，都很可口。

Cup.

Part 4
簡單易做的飲品果凍

無糖甜點固然美味，
但強力推薦搭配一些
做法超簡單的飲料與奶油醬一起享用，
不但可以攝取維生素與礦物質，
食欲與心靈也都能獲得滿足。

生酮比	含糖量
2.3	5.7克 （1杯）

只要混合均勻就完成的奶昔，
輕鬆補充維生素與礦物質

酪梨奶昔

材料　300 毫升玻璃杯／2 杯

酪梨 …………… 1 顆（果肉約 120 克）
檸檬汁 ……………………… 2 大匙
椰奶 ………………………… 100 毫升
無糖優格 …………………… 100 克
芝麻葉 ……………………… 10 克
羅漢果代糖
………… 1/2 ～ 1 大匙（按照喜好分量）

做　法

1. 酪梨去皮去核（參照 p.35 的健康食材說明），切小塊後放入食物調理機，撒上檸檬汁。

2. 全部的材料都加入食物調理機，打到混合均勻滑順。如果覺得太濃稠難以入口，可以加入適量水調整。

Tips

❶ 蔬菜除了芝麻葉，也可以使用嫩葉生菜或青花椰苗。

❷ 椰奶在 24 ～ 25℃以下的低溫，會油水分離凝固。為了避免這樣的狀況，很多會加上漂白劑、乳化劑、抗氧化劑等添加物，建議盡量選擇無添加的產品。如果油水分離了，全部混合均勻後使用其實沒有問題。

可以調成飲料，也可以做成果凍，
方便又爽口的糖漿

柑橘糖漿

生酮比	含糖量
0.1	38.9 克 （整份）

食慾不振的早晨，
檸檬酸的清爽味道
讓身心都振作起來

柑橘沙瓦

生酮比	含糖量
0.0	2.5 克 （1 杯）

柑橘糖漿

材料　600 毫升以上的玻璃瓶／
　　　　1 罐（可調成約 8 杯飲料）

新鮮檸檬 ……………………… 1 顆
新鮮葡萄柚 …………………… 1 顆
A ┌ 羅漢果代糖 ……………… 80 克
　└ 食用檸檬酸 ……………… 2 大匙
食用小蘇打（清洗用）………… 2 大匙

事前準備

■ 瓶子用熱水消毒備用。
■ 檸檬和葡萄柚，用 800 毫升的水加入小
　蘇打溶解，在攪拌盆中浸泡 1～2 分鐘，
　然後用水沖洗乾淨。

做　法

1. 檸檬切片；葡萄柚先橫切成兩半再切
　塊，全部裝入玻璃瓶中。

2. 加入 A，蓋上蓋子，上下搖晃讓羅漢
　果代糖溶解。

3. 放入冰箱冷藏一晚至入味。

柑橘沙瓦

材料　300 毫升玻璃杯／ 1 杯

柑橘糖漿（參照上方做法）……… 2 大匙
水 ……………………………… 250 毫升
食用小蘇打 …………………… 1/2 小匙

事前準備

■ 上下搖晃整瓶柑橘糖漿。

做　法

1. 柑橘糖漿倒入玻璃杯中，再倒入水。

2. 加入小蘇打混合均勻即可。

Q 彈的果凍、多汁的果肉
同時享受雙重口感

柑橘檸檬酸果凍

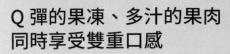

生酮比	含糖量
0.3	1.3克 （1 個）

五層顏色交疊，
看起來也好可愛的果凍。

葡萄柚優格碎果凍

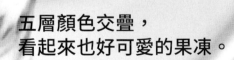

生酮比	含糖量
0.6	3.7克 （1 個）

柑橘檸檬酸果凍

材 料 150 毫升布丁杯／3 個

p.104 的柑橘糖漿 ………… 3 大匙
水 ………………………… 240 毫升
熱水（80℃以上）………… 50 毫升
吉利丁 …………………………… 5 克
p.104 的柑橘糖漿醃漬的葡萄柚 … 90 克

事前準備

■ 上下搖晃整瓶柑橘糖漿。
■ 葡萄柚去皮切丁。不喜歡苦味的話，可以
　再撒一些羅漢果代糖（依喜好斟酌分量）。

做 法

1. 柑橘糖漿倒入攪拌盆內，加入水後用
　 打蛋器混合。

2. 加入用熱水溶解的吉利丁，快速混合
　 均勻（參照 p.15）。

3. 加入葡萄柚，用湯匙混合均勻成果凍
　 液。

4. 將果凍液均分倒入布丁杯，放入冰箱
　 冷藏至完全凝固。

葡萄柚優格碎果凍

材 料 150 毫升布丁杯／2 個

p.104 的柑橘糖漿 …………… 1.5 大匙
水 ………………………… 110 毫升
熱水（80℃以上）………… 30 毫升
吉利丁 …………………………… 3 克
p.104 的柑橘糖漿醃漬的葡萄柚 … 45 克
無糖優格 ………………………… 120 克

事前準備

■ 上下搖晃整瓶柑橘糖漿。
■ 葡萄柚去皮切丁。不喜歡苦味的話，可以
　再撒一些羅漢果代糖（依喜好斟酌分量）。

做 法

1. 柑橘糖漿倒入攪拌盆內，加入水後用
　 打蛋器混合。

2. 加入用熱水溶解的吉利丁，快速混合
　 均勻（參照 p.15），放入冰箱冷藏。

3. 等凝固後，取出用叉子弄碎，再加入
　 葡萄柚，用湯匙混合均勻。

4. 在每個布丁杯裡加入約 1/6 量（約
　 30 克）的果凍，再分別加入約 30 克
　 的優格。

5. 重複做法 4.，剩下的果凍均分後加
　 在最上面即可。

覆盆子奶油

生酮比	含糖量
2.5	2.1克 （整份）

色彩繽紛美麗的
低糖奶油醬，
可以沾著吃，
或是用鬆餅夾著吃，
也可以用在蛋糕捲的夾心。

藍莓奶油

生酮比	含糖量
1.7	9.5克 （整份）

生酮比	含糖量
3.9	1.8克 （整份）

可可奶油

酪梨奶油

生酮比	含糖量
2.4	4.4克 （整份）

覆盆子奶油

材料 容易製作的分量（約 60 克）

奶油起司 ················· 20 克
鮮奶油 ···················· 10 克
覆盆子（新鮮或冷凍均可）········· 20 克
羅漢果代糖 ················· 10 克
檸檬汁 ·················· 1/2 小匙

事前準備

■ 奶油起司置於室溫軟化。
■ 冷凍覆盆子自然解凍備用。

做法

1. 奶油起司放入攪拌盆內，用打蛋器攪拌至滑順。

2. 加入鮮奶油，攪拌混合均勻。

3. 覆盆子放在另一個耐熱碗中，用保鮮膜覆蓋，以 500W 的微波爐加熱 10～20 秒，至覆盆子軟化出水的程度。

4. 趁熱加入羅漢果代糖，立刻用打蛋器攪拌，讓代糖溶化，並壓碎覆盆子，混合成醬汁狀。

5. 加入做法 2. 攪拌混合，最後再加入檸檬汁混合均勻即可。

藍莓奶油

材料 容易製作的分量（約 150 克）

奶油起司 ················· 20 克
鮮奶油 ···················· 40 克
藍莓（新鮮或冷凍均可）········· 80 克
羅漢果代糖 ················· 10 克
檸檬汁 ·················· 1/2 小匙

事前準備

■ 奶油起司置於室溫軟化。
■ 冷凍藍莓自然解凍備用。

做法

1. 奶油起司放入攪拌盆內，用打蛋器攪拌至滑順。

2. 加入鮮奶油，攪拌混合均勻。

3. 藍莓與羅漢果代糖加入鍋中，以小火加熱，用橡皮刮刀攪拌混合。

4. 將藍莓攪拌、壓碎，注意不要煮焦，煮至果醬狀後熄火。

5. 將做法 4. 加入做法 2. 的攪拌盆內混合均勻，最後再加入檸檬汁混合均勻即可。

可可奶油

材　料　容易製作的分量（約 50 克）

鮮奶油 ………………………………… 40 克
羅漢果代糖 …………………………… 10 克
可可粉 ………………………………… 3 克

事前準備

■ 鮮奶油欲使用時，再從冰箱拿出來。

做　法

1. 將全部的材料都放入攪拌盆中。

2. 隔冰水冰鎮，用打蛋器攪拌至柔滑乳霜。

3. 徹底混合均勻即可。

酪梨奶油

材　料　容易製作的分量（約 150 克）

酪梨 ……………… 1/2 顆（果肉約 60 克）
檸檬汁 ………………………………… 1 小匙
無糖優格 ……………………………… 60 克
奶油起司 ……………………………… 20 克
羅漢果代糖 …………………………… 10 克

事前準備

■ 奶油起司置於室溫軟化。

做　法

1. 酪梨去皮去核（參照 p.35 的健康食材說明），切丁後放入食物調理機中，撒上檸檬汁。

2. 剩下的材料也加入攪拌器中，打到均勻滑順即可。

Tips

完成的奶油醬如果太硬，可以稍微再加一些無糖優格（不含在材料內）進行調整。

111

可可
卡士達

生酮比	含糖量
3.4	5.5 克 (整份)

抹茶
卡士達

生酮比	含糖量
3.8	3.1 克 (整份)

雞蛋與杏仁奶
香醇的風味,
是一大特色。

原味卡士達

生酮比	含糖量
4.0	3.3 克 (整份)

原味卡士達

材料　容易製作的分量（約 180 克）

蛋黃	…………………………	2 顆
A	鮮奶油 …………………	100 克
	杏仁奶 …………………	60 毫升
	羅漢果代糖 ……………	20 克
無鹽奶油	……………………	5 克

抹茶卡士達

材料　容易製作的分量（約 190 克）

蛋黃	…………………………	2 顆
A	鮮奶油 …………………	90 克
	杏仁奶 …………………	60 毫升
	羅漢果代糖 ……………	25 克
B	抹茶粉 …………………	5 克
	無鹽奶油 ………………	5 克

可可卡士達

材料　容易製作的分量（約 190 克）

蛋黃	…………………………	2 顆
A	鮮奶油 …………………	100 克
	杏仁奶 …………………	60 毫升
	羅漢果代糖 ……………	25 克
B	可可粉 …………………	12 克
	無鹽奶油 ………………	5 克

做法

1. 蛋黃放入鍋中，然後用打蛋器打散成蛋液。

2. 加入 A，一邊攪拌，一邊以稍弱的中火加熱，攪拌混合至濃稠後轉成小火。

3. 【原味卡士達】

   用橡皮刮刀攪拌，以免燒焦。

   【抹茶卡士達與可可卡士達】

   加入 B，用橡皮刮刀仔細攪拌，以免燒焦。

4. 變成稀奶油狀後熄火，加入奶油攪拌混合均勻。

Tips

煮太久會變得太硬，所以稀稀的狀態便可以熄火！

5. 倒入容器中，用打蛋器攪打至滑順。

6. 大致放涼後，覆蓋保鮮膜，放入冰箱冷藏。

Tips

食用前再攪拌一下，口感會更好。

113

帶有苦味的焦糖，與香甜的椰子搭配出新風味。
可以加入冰淇淋中，也可以當成小零嘴享用。

椰子口味焦糖堅果

杏仁

生酮比	含糖量
7.1	9.7 克 （整份）

核桃

生酮比	含糖量
8.0	3.4 克 （整份）

＊材料用量為杏仁 100 克、核桃 80 克。

材　料

A
┌ 羅漢果代糖　……………………… 20 克
├ 羅漢果濃縮糖漿　………………… 10 克
└ 水…………………………………… 1 小匙

B
┌ 無鹽奶油　………………………… 10 克
└ 椰子油……………………………… 10 克

堅果類 (按照 p.29 的方法烘烤)
…………………………………… 80 ～ 100 克

事前準備

■ 在砧板或烤盤鋪上烘焙紙。

Tips

杏仁 100 克、核桃 80 克的量製作較為適當。核桃可依照喜好，切成一半使用。

做　法

1. 將 A 放入鍋中，以稍弱的中火加熱，用橡皮刮刀攪拌融化。

2. 等變得濃稠後轉成小火，加入 B 攪拌融化。

3. 完全融化之後熄火，加入堅果，用橡皮刮刀攪拌均勻。

4. 堅果完全沾裹之後，鋪在烘焙紙上放涼即可。

健康食材

堅果類

　　堅果類食材除了有可以預防高血壓和心臟病的鉀，還有鎂、鈣等，含量豐富，可以補充平常攝取不足的礦物質。

　　尤其杏仁含有大量的維生素 E，可以消除生理痛之類女性特有的煩惱。另外，像是可以預防文明病的油酸，還有鐵質與造骨作用強大的礦物質等，含量都特別高。

　　核桃在堅果類中抗氧化的能力最強。α- 亞麻酸也是堅果類中含量最多，具有促進血液循環與清血的功用。

主要食材含糖量列表

我們平常吃的食材，其實含糖量高的很多，不過適合無糖飲食、含糖量低的也不少。可以參考這裡的列表來選擇。當中標有 ░░░░░░░░░ 部分是本書食譜中有使用到的食材。

參考資料：日本文部科學省「日本食物標準成分表【2015年版（第七次修訂）】2016年追加」
＊含糖量的計算，是以參考資料中碳水化合物量減去食物纖維量的數值做為基準。
＊部分參考廠商資料，由編輯部統整製成。

種類	食材	每100克的含糖量	常用量	常用量的含糖量
穀類、粉類	米飯（糙米）	34.2 克	約1碗（150克）	51.3 克
	米飯（白米）	36.8 克	約1碗（150克）	55.2 克
	麵粉（低筋）	73.3 克	1大匙（9克）	6.6 克
	麵粉（高筋）	69.0 克	1大匙（9克）	6.2 克
	烏龍麵（水煮）	20.8 克	250 克	52.0 克
	生麵條（水煮）	24.0 克	200 克	48.0 克
	義大利麵（水煮）	30.3 克	240 克	72.7 克
	吐司	44.4 克	半條6片／1片（60克）	26.6 克
根莖類	蒟蒻	0.1 克	80 克	0.1 克
	地瓜（生）	30.3 克	50 克	15.2 克
	馬鈴薯（生）	16.3 克	1/2顆（60克）	9.8 克
豆類	水煮紅豆（罐頭）	45.8 克	50 克	22.9 克
	黃豆（罐頭）	0.9 克	20 克	0.2 克
	黃豆粉（去皮黃豆）	14.2 克	10 克	1.4 克
	木綿豆腐	1.2 克	1/2塊（135克）	1.6 克
種子、堅果類	杏仁（烘焙過）	9.7 克	10 克	1.0 克
	杏仁粉	10.8 克	15 克	1.6 克
	腰果（酥炸、調味）	20.0 克	50 克	10.0 克
	核桃（烘焙過）	4.2 克	10 克	0.4 克
	椰子粉	9.6 克	0.8 克	0.1 克
	芝麻（乾燥）	7.6 克	5 克	0.4 克
	開心果（烘烤過、調味）	11.7 克	50 克	5.9 克
	花生（烘烤過）	12.4 克	50 克	6.2 克
蔬菜類	南瓜（日本種、生）	8.1 克	50 克	4.1 克
	小黃瓜（生）	1.9 克	1/2條（50克）	1.0 克
	白蘿蔔（根部、生）	2.7 克	100 克	2.7 克
	黃豆芽（生）	0 克	50 克	0 克
	玉米（生）	13.8 克	100 克	13.8 克
	蕃茄（生）	3.7 克	中型1顆（150克）	5.6 克
	胡蘿蔔（生）	6.5 克	30 克	2.0 克

種類	食材	每 100 克的含糖量	常用量	常用量的含糖量
水果類	酪梨	0.9 克	80 克	0.7 克
	甜柿	14.3 克	1 顆（200 克）	28.6 克
	草莓	7.1 克	5 顆（80 克）	5.7 克
	溫州蜜柑	11.0 克	1 顆（100 克）	11.0 克
	葡萄柚	9.0 克	1/2 顆（150 克）	13.5 克
	香蕉	21.4 克	1 條（100 克）	21.4 克
	葡萄	15.2 克	1 串（100 克）	15.2 克
	藍莓	9.6 克	45 克	4.3 克
	桃子	8.9 克	1 顆（170 克）	15.1 克
	覆盆子	5.5 克	50 克	2.8 克
	蘋果（去皮）	14.1 克	1/2 顆（150 克）	21.2 克
	檸檬（果汁）	8.6 克	1 小匙（5 克）	0.4 克
菇類	金針菇（生）	3.7 克	20 克	0.7 克
	香菇（生）	2.1 克	15 克	0.3 克
	秀珍菇（生）	1.9 克	20 克	0.4 克
海藻類	切絲海帶芽	6.2 克	5 克	0.3 克
	羊栖菜乾（鹿尾菜乾燥）	6.6 克	10 克	0.7 克
肉、蛋類	牛肩里肌（紅肉、生）	0.2 克	100 克	0.2 克
	雞胸肉（生）	0 克	50 克	0 克
	豬五花（帶脂肪、生）	0.1 克	100 克	0.1 克
	香腸	3.0 克	20 克	0.6 克
	雞蛋（全蛋、生）	0.3 克	1 顆（60 克）	0.2 克
	雞蛋（蛋黃、生）	0.1 克	1 顆（19 克）	0.0 克
	雞蛋（蛋白、生）	0.4 克	1 顆（41 克）	0.2 克
魚貝類、魚肉加工品	鰹魚（生）	0.2 克	生魚片 4 片（50 克）	0.1 克
	紅鮭（生）	0.1 克	100 克	0.1 克
	蛤蜊（生）	0.4 克	15 克	0.1 克
	牡蠣（生）	4.7 克	30 克	0.7 克
	烤竹輪	13.5 克	1 小條（30 克）	4.1 克
牛乳、乳製品、植物奶	普通牛乳	4.8 克	1 杯（200 克）	9.6 克
	加工乳（低脂）	5.5 克	1 杯（200 克）	11.0 克
	奶油起司	2.3 克	15 克	0.3 克
	優格（全脂無糖）	4.9 克	100 克	4.9 克
	鮮奶油（乳脂肪）	3.1 克	1/2 盒（100 克）	3.1 克
	植物性鮮奶油（植物性脂肪）	12.9 克	100 杯（200 克）	12.9 克
	無調味豆奶	2.9 克	150 克	4.4 克
	調味豆奶	4.5 克	200 克	9.0 克
	杏仁奶	0 克	33 克	0 克
	椰奶	2.6 克	25 克	0.7 克

種類	食材	每100克的含糖量	常用量	常用量的含糖量
調味料類	砂糖（上白糖）	99.2 克	1 大匙（15 克）	14.9 克
	蜂蜜	79.7 克	1 大匙（21 克）	16.7 克
	羅漢果代糖（顆粒）＊	0 克	1 大匙（13 克）	0 克
	羅漢果濃縮糖漿（液狀）＊	0 克	1 大匙（12 克）	0 克
	吉利丁	0 克	2.5 克	0 克
	洋車前子	0 克	4 克	0 克
	食鹽	0 克	1 克	0 克
	咖哩塊	41.0 克	25 克	10.3 克
	濃口醬油	10.1 克	1 小匙	0.5 克
	柴魚醬油（原味）	8.7 克	100 克	8.7 克
	味醂	43.2 克	1 小匙（5 克）	2.2 克
	美奶滋（全蛋）	4.5 克	1 大匙（15 克）	0.7 克
	芝麻醬	30.1 克	1 大匙（15 克）	4.5 克
	蕃茄醬	25.6 克	1 小匙（5 克）	1.3 克
酒精類	清酒（普通酒）	4.9 克	180 克	8.8 克
	燒酒	0 克	60 克	0 克
	梅酒	20.7 克	30 克	6.2 克
	琴酒	0.1 克	30 克	0 克
	發泡酒	3.6 克	1 罐（350 克）	12.6 克
	紅酒	1.5 克	玻璃杯 1 杯（100 克）	1.5 克
	白酒	2.0 克	玻璃杯 1 杯（100 克）	2.0 克
無酒精飲料類	煎茶	0.2 克	茶杯 1 杯（100 克）	0.2 克
	抹茶粉	1.0 克	1 小匙（2 克）	0 克
	烏龍茶	0.1 克	玻璃杯 1 杯（200 克）	0.2 克
	紅茶（原味）	0.1 克	1 杯（150 克）	0.2 克
	一般黑咖啡	0.7 克	玻璃杯 1 杯（150 克）	1.1 克
	可樂	11.4 克	玻璃杯 1 杯（100 克）	11.4 克
	可可粉	18.5 克	1 小匙（2 克）	0.4 克
	麥茶	0.3 克	玻璃杯 1 杯（200 克）	0.6 克
市售甜點類	花林糖（黑糖）	75.1 克	30 克	22.5 克
	醬油仙貝	82.3 克	中型 1 塊（10 克）	8.2 克
	大福麻糬	50.3 克	中型 1 個（50 克）	25.2 克
	練羊羹	66.9 克	50 克	33.5 克
	牛奶糖	77.9 克	1 顆（5 克）	3.9 克
	鮮奶油蛋糕（無水果）	43.0 克	1 塊（100 克）	43.0 克
	洋芋片	50.5 克	15 克	7.6 克
	板狀牛奶巧克力	51.9 克	1 塊（20 克）	10.4 克
油類	橄欖油	0 克	100 克	0 克
	椰子油	0 克	1 大匙（12 克）	0 克
	沙拉油	0 克	100 克	0 克
	無鹽奶油	0 克	5 克	0 克

＊根據營養成分標示，羅漢果代糖 100 克含糖量是 99.8 克，羅漢果濃縮糖漿則是 20.7 克，但兩者均不會影響血糖（數值不會上升），所以本書標示為 0 克。

水野醫師的
簡易「無糖」
講座

　　監修本書的水野雅登醫師，擔任的是包含糖尿病診治的內科。本身透過限糖飲食成功瘦身，2016 年開設了限糖飲食的預約門診。在限糖這個主題上，發表了許多簡單易懂的演講與網路文章，頗獲好評。

　　水野醫師在此針對「無糖是怎麼一回事？」「雖然對無糖感到興趣，但卻不知道該怎麼開始」的一般人，簡單地說明進行無糖生活的方法。

原本是為了治療糖尿病而設計的飲食法

「無糖」或「限糖」，就如字面上的意思，是指減少糖分攝取的飲食法。

糖分，簡單來說，就是碳水化合物去除食物纖維後剩下的部分。砂糖當然就是糖分，其他像是米飯、麵包、麵食等穀類，還有根莖類、水果等都包括在內。也就是一般的飲食幾乎都一定會攝取相當多的糖分。

傳統上，糖分是營養學認為不可或缺的能量來源。但是，現代人的飲食生活太偏重糖分，世界各地糖尿病與肥胖病例一直在增加，所以不得不開始正視糖分攝取過量的問題。此外，大約從十年前開始，針對糖尿病人的「限糖」飲食控制法，也因為對於文明病的預防改善具有功效，便以驚人的速度流傳開來。

目前廣為世人所矚目的「無糖飲食」

近年來，市面上發展出各式各樣強調「無糖」、「零糖」、「不含糖」的新奇商品，低糖的甜點或麵包，在便利商店或超市都可以隨手買到。

像這樣，一般人也會把「無糖」列出挑選購買考量，基本上有兩個理由。第一，因為了解到減少糖分攝取，不但可以預防改善糖尿病或肥胖，而且對健康方面還有很多好處。第二，嚴格控制糖分攝取的話，其他方面的飲食就可以比較寬鬆，也不像之前「卡路里控制」那樣需要麻煩地計算攝取的熱量。喜歡喝酒的人，只要選擇含糖量低的酒精即可（參照p.118），可說是非常具有吸引力。

接下來，大家一起來看看為什麼減少糖分攝取對於健康很有好處。

血糖上升會導致糖尿病與肥胖

我們攝取的糖分，會在體內消化轉換成葡萄糖。葡萄糖吸收之後，會進入血液中，造成血糖上升。

食物纖維

糖分

碳水化合物

● 多醣類
（澱粉、寡糖等）

● 糖醇
（赤藻糖醇、木糖醇、山梨糖醇、麥芽糖醇等）

● 合成甜味劑
（乙醯磺胺酸鉀、阿斯巴甜、蔗糖素等）

● 醣類
— 單糖（葡萄糖、果糖等）
— 雙糖（蔗糖、乳糖、麥芽糖等）

這時，胰臟會分泌胰島素這種荷爾蒙。胰島素能夠讓身體細胞運用葡萄糖，做為全身的能量來源，血糖也因此下降。但是，如果攝取的糖分過多，沒有運用到的多餘葡萄糖便會轉換成中性脂肪，累積在脂肪細胞中，造成肥胖。

此外，肥胖或患有文明病的人，飯後血糖常常很難下降，形成「飯後高血糖」的狀態。如果一直不去注意，常常處於高血糖狀態的話，就會往糖尿病的方向發展，是非常危險的事。

要預防這樣的狀況，最有效的方法，就是限制攝取會讓血糖上升的糖分。

不攝取糖分，體內也可以產生能量來源

一般大家都認為，人體需要糖分做為能量來源，是不可或缺的養分。但事實上，就算飲食不攝取糖分，胺基酸或乳酸等透過肝臟轉換，也可以製造出人體必要的葡萄糖。這種作用稱為「糖質新生」，糖質新生運用的是燃燒脂肪產生的能量。

還有，如果持續不去攝取糖分，由脂肪分解產生的「生酮體」，也可以被各式各樣的組織當成能量來使用。

減少糖分攝取的生活持續幾週到幾個月的時間，讓糖質新生與生酮體的系統運作成為主要能量來源，就會不斷燃燒體內儲存的脂肪。

以糖分為中心的飲食	限制糖分，以蛋白質與脂質為中心的飲食	
葡萄糖增加，血糖上升，胰臟分泌胰島素。	血糖要恆定，所以體內葡萄糖不足	
葡萄糖轉換成身體使用的能量，血糖下降。	胺基酸或乳酸轉換成葡萄糖	脂肪分解產生生酮體
剩下的葡萄糖變成中性脂肪累積	脂肪做為身體能量來源	生酮體做為身體能量來源

發胖	變瘦	

「無糖」
飲食法的建議

那麼，接下來介紹我所推薦的「無糖」飲食法。一餐的含糖量目標是約 20 克，讀者可遵循以下的原則進行。

肉、蛋、海鮮、菇、油脂（反式脂肪除外）基本上沒有限制，其他食材大致可以參考 p.123 的表格。

因為限制了糖分，所以要充分攝取蛋白質與脂質。少糖、蛋白質與脂質含量多的食物，不按時進餐、隨時補充也沒有關係。

但是，非代償性肝硬化，或是急性胰臟炎反覆發作，還有長鏈脂肪酸代謝異常的人，這種飲食方式會造成危險，所以不適合使用。另外，患有糖尿病、動脈硬化、脂質代謝異常等，正在進行治療的人，也要事先向醫師諮詢。

＊雖然有「生酮體過多會造成『生酮中毒』，產生昏睡等危險現象」這種說法，但只要胰島素正常作用，就算體內生酮體增加也不會造成問題。事實上，即使按照一般的飲食，在睡眠等空腹的時段，也會使用到生酮體做為體內能量來源。

一百個人有
一百種不同的方法

「無糖」飲食，不管是高血糖或肥胖的人，健康但想要瘦一點的人，或是像 p.124 描述的低血糖，還有容易水腫的人，都很推薦用來改善症狀。

這裡介紹的原則只是大概。無糖飲食的執行，可以依據不同的目的，自身的喜好，還有過敏的狀況，進行不同的調整。一天只有一、兩餐限制糖分也可以，一開始先用本書介紹的無糖甜點做為點心來適應，習慣後連正

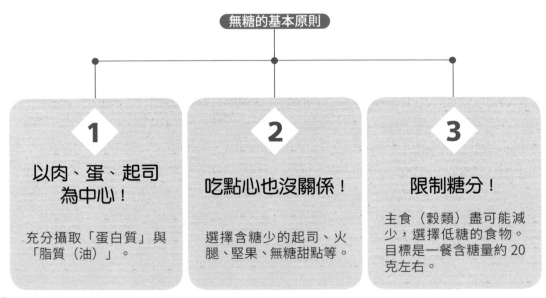

無糖的基本原則

1
以肉、蛋、起司
為中心！

充分攝取「蛋白質」與「脂質（油）」。

2
吃點心也沒關係！

選擇含糖少的起司、火腿、堅果、無糖甜點等。

3
限制糖分！

主食（穀類）盡可能減少，選擇低糖的食物。目標是一餐含糖量約 20 克左右。

大致上選擇食材的方法

	含糖量少的食物（可以攝取）	含糖量多的食物（盡可能減少攝取）
穀類	使用全麥（小麥麩皮）或黃豆粉製成的低糖麵包	米類、一般麵包、穀片類、麵類、冬粉
根莖類	菊芋（洋薑）、蒟蒻	馬鈴薯、芋頭、地瓜等
豆類	黃豆、豆腐、黃豆加工品	紅豆泥、四季豆、蠶豆、黃豆粉
堅果類	核桃、芝麻、杏仁、花生、開心果、夏威夷豆	栗子、腰果、白果
蔬菜類	高麗菜、小松菜、波菜等葉菜類、綠花椰、小黃瓜、茄子、豆芽、蔥、白蘿蔔、胡蘿蔔、菇類等	玉米、南瓜、蓮藕、蘿蔔乾等
水果類	酪梨、少量草莓、藍莓、覆盆子、葡萄柚（約半顆）、木瓜	柑橘、奇異果、西瓜、鳳梨、香蕉、葡萄、哈密瓜、桃子、柿子、蘋果、水果乾
海藻類	海帶芽、鹿尾菜、海苔、洋菜、水雲	昆布類
肉、蛋類	全部皆可	—
魚類	右方以外的皆可	竹輪和魚板等魚漿類、佃煮物
乳製品	起司、鮮奶油、無糖優格、牛奶（約1杯）	加糖優格、低脂牛奶
調味料類	日式美乃滋、鹽、胡椒、醬油、醋等	醬料、味醂、白味噌、蕃茄醬、巴薩米可醋
酒精類	燒酒、威士忌、伏特加、琴酒、白蘭地等蒸餾酒，以及辛口（不甜）的紅酒、無糖分的發泡酒	日本酒、啤酒、甘口（甜）的紅酒
無酒精飲料	茶類、咖啡、零卡路里飲料（一天約500毫升）、氣泡水	蔬菜汁、果汁、碳酸飲料
甜味劑	羅漢果代糖系列（參照 p.10）	含有大量人工甜味劑的產品
油脂類	豬油、奶油、牛脂肪、鮮奶油、魚油等，以及橄欖油等含 omega9 的油脂、芝麻油、亞麻仁油等含 omega3 的油脂，加上椰子油、MCT 油等中鏈脂肪酸。	沙拉油、芥子油、乳瑪琳、植物性鮮奶油等（含反式脂肪酸者）

餐的糖分都慢慢減量，也是一種方法。

　　一百個人就有一百種不同的方法，仔細研究尋找好吃的無糖食物，摸索適合自己的方法，開心地進行吧！

限糖的各種好處

　　限制糖分的攝取，對以下日常狀況不佳或慢性疾病具有改善效果。

❶ 飯後不會產生不適或嗜睡、疲倦

　　因為不會造成血糖急遽上升，所以之後血糖也不會急遽下降，避免了不適或嗜睡、疲倦等低血糖症狀。

❷ 不會水腫

　　胰島素會讓水分滯留體內，攝取過多糖分的人，體內的鹽分與水分無法排出，所以會產生水腫現象。很多女性都因為水腫而煩惱，多半可以透過限糖來改善。

❸ 預防營養失調、中暑

　　糖分代謝會大量消耗維生素（尤其是維生素 B1）以及礦物質，無糖飲食可以避免這些狀況，預防因為營養失調造成的不適與中暑。

❹ 預防失智症

　　造成阿茲海默症的蛋白質「類澱粉蛋白」，可以透過胰島素的分解酵素進行分解。若因為糖分攝取的話，造成胰島素慢性分泌不足，胰島素酵素分解不及，便會讓類澱粉蛋白無法完全分解。

　　實際上，根據國內外的研究，發現糖尿病與其潛在患者，阿茲海默症的罹患率相當高。資料顯示，與患有糖尿病但以胰島素治療進行控制的人相較，未接受治療的患者罹患失智症的機率約為四倍。

也具有改善花粉症或異位性皮膚炎的效果

　　雖然還不了解確實的機制，不過花粉症或異位性皮膚炎等過敏症狀，也可以透過減少糖分攝取來改善。

　　不僅如此，限糖對於癌症的預防與治療也有明顯效果。我自己採用的是增加生酮體與攝取大量維生素來抑制癌症的「維生素・生酮療法」。影像與血液檢查結果也發現確實有所改善的案例，治療效果在未來應該可以獲得更多的證明。

透過「無糖甜點」的製作，獲得重新檢視健康的機會

　　現在，午餐每次都吃便利商店的三明治或便當，點心享用的是使用大量砂糖製作的甜點……糖分佔了飲食方式有八成之多的人不在少數。

這樣的人如果能夠減少糖分攝取，飯後就不會想睡覺，不舒服狀況也會減輕，也不再有暴飲暴食的現象，整體生活品質能夠向上提升，效果迅速顯現。

此外，如果自己製作無糖甜點，自家開伙的次數增加，也會提高對食物成分的注意。像我就是因為要進行無糖飲食，開始自己煮飯之後，驚覺自己過去買的、吃的東西，含有不知道多少種類的添加物，也因此，我的味覺也產生了變化。

人類吃下的食物，會從身體的狀況表現出來。好好檢視自己所攝取的營養，就能重新調整自己的健康。希望大家都能因此讓無糖成為「人生轉變的契機」。

當然，也不要因此過於忍耐，可以用無糖甜點稍微放鬆一下，然後再繼續努力，達成良好的飲食習慣。

身為診治糖尿病醫師的我，
開始減少糖分攝取是因為……

水野雅登

我在東京都內擔任診治糖尿病等慢性病的內科醫師，現在開設了限糖相關的預約門診。雖然我運用限糖飲食來治療糖尿病患者，但自己大約在三年前（2014 年左右），因為血液與 CT 檢查的結果，發現自己已經到了罹患脂肪肝的過胖程度。

我也因此開始對限糖產生興趣，嘗試的結果，一年內體重減輕了 14 公斤，脂肪肝也消失了！原本讓我煩惱的問題，像是飯後疲倦想睡、胃灼熱等各種不適，也都有了改善，所以限糖飲食仍在持續進行中。

水野醫師的「無糖」Q&A

Q 請問吃點心所攝取的含糖量大約是多少呢？

A 吃了糖分高的點心，反而會想吃得更多，以點心來說，含糖量盡可能減少比較好。本書的無糖甜點，就是盡可能減少含糖量，同時為了讓生酮體有效轉換成可以使用的能量，所以收錄了很多生酮比（參照 p.9）相當高的食譜。比起市面上的「低糖甜點」，耐餓性與飽足感都更高，這是最吸引人的地方。我如果看門診忙起來的話，會吃一、兩個依照本書食譜製作的馬芬當午餐，一直到晚上都不會餓。

Q 只有點心換成無糖甜點，也會有瘦身的效果嗎？

A 因為攝取的糖分減少，所以會有效果。只是，如果有暴食傾向的人，要是無法滿足於無糖甜點的甜味，就可能反而會想吃更多含糖量高的甜點。

攝取了多餘的糖分，無糖甜點中的脂質便無法轉換成能量來運用，反而會累積在體內造成反效果，因此必須小心。

Q 攝取過多肉類、起司和蛋，
不會有問題嗎？

A 脂質和蛋白質是製造人體細胞必需的營養素，所以要確實充分攝取。不過，如果持續攝取過多動物性脂肪或蛋白質，當然就很難瘦下來。選擇脂肪含量較少的紅肉或海鮮、黃豆製品等，保持均衡飲食，還有攝取容易轉換成能量燃燒的中鏈脂肪酸（椰子油、MCT 油等）也很重要。

脂質攝取過多，中性脂肪與膽固醇會因此提高，很多人會擔心因此造成動脈硬化。但是動脈硬化的原因，並不是因為中性脂肪或膽固醇產生，而是氧化或糖化所導致的「發炎現象」。氧化是因為抽菸或攝取過多反式脂肪所造成，糖化則是因為糖分的攝取產生。

此外，傳統上認為不應該攝取過多像是雞蛋這類高膽固醇的食物，但是最近發現，不論食物中的膽固醇含量多少，對於體內膽固醇的數值並沒有太大的影響。日本厚生勞動省制定的「日本人飲食攝取基準」，也在 2015 年修訂時，廢除了膽固醇的攝取上限。膽固醇是細胞膜產生必要的物質，也是我們身體不可缺少的營養素。

不過，如果患有以下症狀，就需要接受治療，在飲食方面也要先和主治醫師進行諮商。

· 動脈硬化
· 可能有腦梗塞或心肌梗塞的風險
· 過去曾經發生腦梗塞、心肌梗塞、狹心症

Q 只有葡萄糖可以做為大腦的能量來源，所以早上如果不攝取碳水化合物的話，聽說腦筋就會變得遲鈍？

A 飲食中含糖量不足的話，可以從肝臟製造出葡萄糖或生酮體，做為大腦使用的能量，所以就算沒有攝取到糖分也不會有問題。

此外，減少糖分攝取可以抑制血糖震盪，飯後也不會想睡覺，所以我會建議早餐採取無糖飲食。

 Q 很喜歡含糖量高的甜食和白飯，實在是忍不住不吃，該怎麼辦呢？

A 不妨努力減糖三天試試看。真的想吃甜食的時候，來一些無糖甜點放鬆一下。好好咀嚼品嘗，慢慢進食非常重要。

此外，以女性來說，如果食慾無法滿足，常常會和鐵質不足相關。鐵質不足的話，身體產生飢餓感，想要攝取營養，但吃了卻也很難產生飽足感。這時可以在飲食方面攝取足夠的鐵質，或是以營養補給品補充。

Q 遇到尾牙、春酒還有應酬的時候，吃了含糖量高的食物，結果體重反彈了怎麼辦？

 A 要持續無糖飲食，必須有相當的意志力。其實我自己體重也反覆上下了好多次。一直維持低糖狀態的人，一旦吃到了含糖量高的食物，很容易就全軍覆沒。堅持一下，用無糖甜點做為緩衝，努力加油吧！

Q 因為無糖飲食產生效果，想要推薦給家人或朋友，但卻無法獲得他們的支持？

A 周圍的親朋好友每個人反應都不相同吧！我的太太也是，雖然可以理解，但我們現在吃的東西很不一樣。如果硬是要推薦給別人，反而會造成反彈。「不要推薦就是最好的推薦」。不特別去說的話，反而會讓人想問：「最近精神特別好，有什麼祕訣嗎？」「好像突然變瘦了，是做了些什麼呢？」

生酮君

 推廣無糖飲食的漫畫家茶泡飯老師設計，以生酮體為意象的角色。為了推廣生酮體的力量，努力活躍中！

認識了「無糖飲食」後，我的人生改變了。

在此之前，我的飲食生活，是天天用麵粉自己手做披薩、麵包、義大利麵、烏龍麵、烘焙甜點來吃。因此，在開始無糖飲食的時候，戒斷症狀讓我感到特別辛苦。為了不讓自己過於忍耐，所以投入了「無糖甜點」的製作研發。因為想要和以前吃一樣好吃的東西，所以才會有這本無糖甜點食譜的誕生，支撐著我的無糖飲食生活。

從開始無糖飲食經過了七個月之後，我的體重減了七公斤，腰圍少了九公分，多年來煩惱的花粉症、慢性便祕、手腳冰冷，甚至皮膚粗糙也因此改善了。除此之外，去檢查牙齒的時候，也發現牙垢、牙結石少了很多，很有預防蛀牙的實感！所以慢慢地想要開始推廣這種無糖甜點和無糖飲食。

現在在日本，有越來越多具有「限糖」觀念的醫療機構，還有積極推行這種飲食方式的醫生。我希望自己也能在這方面盡棉薄之力。多一個人也好，希望能透過本書讓更多人了解，並且進入無糖的世界。

友田和子

Oven.

Cook50185

天天都可以吃的無糖甜點

吃不胖、消水腫、穩定血糖,好做又好吃的點心

作者｜友田和子

監修｜水野雅登、原小枝

翻譯｜徐曉珮

美術完稿｜許維玲

編輯｜彭文怡

校對｜連玉瑩

行銷｜石欣平

企畫統籌｜李橘

總編輯｜莫少閒

出版者｜朱雀文化事業有限公司

地址｜台北市基隆路二段 13-1 號 3 樓

電話｜02-2345-3868

傳真｜02-2345-3828

劃撥帳號｜19234566　朱雀文化事業有限公司

E-mail｜redbook@hibox.biz

網址｜http://redbook.com.tw

總經銷｜大和書報圖書股份有限公司　（02）8990-2588

ISBN｜978-986-97227-7-3

初版一刷｜2019.4

定價｜380 元

出版登記｜北市業字第 1403 號

國家圖書館出版品預行編目

天天都可以吃的無糖甜點：吃不胖、
消水腫、穩定血糖,好做又好吃的點
心／友田和子著-- 初版. -- 臺北市：
朱雀文化, 2019.04
面；公分 --（Cook50；185）
ISBN 978-986-97227-7-3（平裝）
1.點心食譜

427.16

"HAJIMETE NO TOSHITSU OFF SWEETS"written by Kazuko Tomoda, supervised
by Masato Mizuno and Sae Hara
Copyright © 2017 Kazuko Tomoda, Masato Mizuno, Sae Hara
All rights reserved.
Original Japanese edition published by Houken Corp., Tokyo
This Traditional Chinese language edition published by arrangement with Houken Corp., Tokyo
in care of Tuttle-Mori Agency, Inc., Tokyo through LEE's Literary Agency, Taipei.
This Traditional Chinese translation rights © 2019 by Red Publishing Co., Ltd.

About 買書

●朱雀文化圖書在北中南各書店及誠品、金石堂、何嘉仁等連鎖書店均有販售,如欲購買本公司圖書,建議你直接詢
問書店店員。如果書店已售完,請撥本公司電話（02）2345-3868。

●● 至朱雀文化網站購書（http：/ /redbook.com.tw）,可享 85 折起優惠。

●●●至郵局劃撥（戶名：朱雀文化事業有限公司,帳號 19234566）,掛號寄書不加郵資,4 本以下無折扣,5～9
本 95 折,10 本以上 9 折優惠。